U0187684

机器人和人工智能伦理丛书

机器人伦理学导引

Roboethics
A Navigating Overview

Spyros G. Tzafestas

[希] 施皮罗斯·G. 查夫斯塔————著

尚新建 杜丽燕————译

北京大学出版社
PEKING UNIVERSITY PRESS

著作权合同登记号 图字：01-2021-0338
图书在版编目（CIP）数据

机器人伦理学导引 /（希）施皮罗斯·G. 查夫斯塔著；尚新建，杜丽燕译. —北京：北京大学出版社，2022.8
（机器人和人工智能伦理丛书）
ISBN 978-7-301-33142-2

I.①机… II.①施…②尚…③杜… III.①机器人－伦理学 IV.① TP242-05

中国版本图书馆 CIP 数据核字（2022）第 111583 号

First published in English under the title
Roboethics: A Navigating Overview
by Spyros G. Tzafestas, edition: 1
Copyright © Springer International Publishing Switzerland, 2016
This edition has been translated and published under licence from Springer Nature Switzerland AG.
Springer Nature Switzerland AG takes no responsibility and shall not be made liable for the accuracy of the translation.

书　　　名	机器人伦理学导引	
	JIQIREN LUNLIXUE DAOYIN	
著作责任者	〔希〕施皮罗斯·G. 查夫斯塔（Spyros G. Tzafestas）著	
	尚新建　杜丽燕 译	
责 任 编 辑	延城城	
标 准 书 号	ISBN 978-7-301-33142-2	
出 版 发 行	北京大学出版社	
地　　　址	北京市海淀区成府路 205 号　100871	
网　　　址	http://www.pup.cn　新浪微博：@ 北京大学出版社	
电 子 信 箱	pkuwsz@126.com	
电　　　话	邮购部 010-62752015　发行部 010-62750672　编辑部 010-62752022	
印 刷 者	三河市北燕印装有限公司	
经 销 者	新华书店	
	965 毫米 ×1300 毫米　16 开本　22.25 印张　258 千字	
	2022 年 8 月第 1 版　2022 年 8 月第 1 次印刷	
定　　　价	79.00 元	

献给我亲爱的孙子女：

菲利普、米尔托和施皮罗斯

目 录 CONTENTS

译者序

　　机器人学是一个急速发展的领域，它的发展契机是，不同种类的机器人被迅速研发出来，并且广泛运用于社会和国家的各个层面——从儿童玩具到家庭生活、医院护理外科术等社会生活的方方面面；在国家安全、军事行动甚至打击恐怖主义方面，机器人所发挥的作用也日益突出，且效果良好。

　　"按照比尔·盖茨（Bill Gates）的看法，机器人产业的出现，与三十多年前计算机行业的发展是同步的。作为计算机产业的领军人物，他的预言有特殊的权重。"[1] 尽管对比尔·盖茨观点的质疑声一直不断，但是，人们不得不接受如下事实：我们应该关注的是"如果机器人产业的进化与计算机的发展相似，那么我们就可以预期，由于机器人的出现，会引起重要的社会和伦理学挑战"。[2] 对于这类问题的思考，催生了机器人伦理学。

---

　　[1]　Patrick Lin, Keith Abney, and George A. Bekey (ed.), *Robot Ethics: The Ethical and Social Implications of Robotics*, Cambridge: The MIT Press, 2012, p.3.

　　[2]　Ibid., p.3.

一、问题概述

机器人伦理学是应用伦理学的一个分支。《机器人伦理学导引》开宗明义："本书的目的是简要介绍**机器人伦理学**（robot ethics）领域的基本概念、原理和问题。机器人伦理学是应用伦理学的一个分支，当我们在社会中使用机器人而引发微妙的、严重的伦理问题时，它试图告诉我们，如何运用伦理学原理解决这些问题。"[①]

作为 robot ethics 的表述方式"roboethics"（机器人伦理学），是维汝吉奥（Verrugio）发明的新词。首先，机器人伦理学是机器人学的新领域，涉及机器人对人和社会的积极或消极意涵。其次，机器人伦理学也是一种伦理学，是应用伦理学的一个分支，旨在激励机器人，尤其是智能／自主机器人的道德设计、发展和运用。

机器人伦理学提出的基本问题是：机器人的双重使用（机器人的正确使用和错误使用）、拟人化机器人、人性化的人—机器人合作关系、缩小社会—技术间隙、机械人技术对财富与权力分配的影响等。

在应用伦理学方面，机器人伦理学属于技术伦理学范畴，涉及一般意义上的技术伦理学。它也属于机械伦理学，扩展到计算机伦理学。机器人伦理学的目的是，在设计和使用智能机器时，提出相关的伦理学问题，算是一种道德预见和预警吧！毫无疑问，任何科学、技术、产业及其产品的出现，或多或少都涉及伦理道德问题，因为这些领域的发展和成就一旦进入人类社会，将直接影响人的权利和福祉，产生"应当"与否的问题，即什么是正确的、什么是错

[①] Spyros G. Tzafestas, *Roboethics: A Navigating Overview*, Heidelberg: Springer, 2016, p. vii.

误的。科技发明和创造并不意味着它们是天然正确的。也就是说，只要科技发明和产品被用于自然、人类、社会，都应该受到"是否应当"的质询。科学和技术可以没有国界，但是，不可以没有伦理道德的思考。

正如《机器人伦理学导引》的作者所言，"机器人学与人的生活直接相关；医用机器人学、助力机器人学、服务——社会化机器人学及军用机器人学，对人类生活都有强烈的冲击，也给我们的社会提出重要的伦理学问题"。① 可以说，机器人工业的发展，不仅需要满足伦理道德的一般要求，而且必须创立一门"机器人伦理学"。

二、奠基者阿西莫夫

阿西莫夫定律

20世纪40年代，著名科幻作家艾萨克·阿西莫夫（Isaac Asimov）提出了机器人学三定律，作为科幻小说中生产设计机器人以及机器人自身行为的准则。《牛津英语词典》指出："正电子学"（positrons）、"心理史学"和"机器人学"这几个名词，首创于阿西莫夫的科幻小说。阿西莫夫刚开始写机器人小说时，机器人学尚未出现。早先关于机器人的小说多以"人类创造机器人，又为机器人所毁"为主题。阿西莫夫扭转了这种局面，在《我，机器人》一书中，第一次提出机器人行

---

① Spyros G. Tzafestas, *Roboethics: A Navigating Overview*, p.vii.

为法则,即"机器人学三定律"。即使在现代机器人学中,这三大法则也是十分重要的,有人甚至友好地称他为"机器人学之父"。

机器人学三定律内容如下:

> 第一定律——机器人不得伤害人,也不得见人受到伤害而袖手旁观。
>
> 第二定律——机器人应服从人的一切命令,但不得违反第一定律。
>
> 第三定律——机器人应保护自身的安全,但不得违反第一、第二定律[①]。

阿西莫夫的贡献和影响不应被低估,因为在阿西莫夫之后,无论是赞成还是反对三大定律的研究者和小说家,基本上都会以遵循或反对该定律作为出发点。事实上,阿西莫夫三大定律涉及人机关系,尤其强调不伤害准则。可以说,它们是机器人学的准则,本身也是机器人伦理学的基本准则,因为出于不伤害人、服从人、不自伤的考量,它们蕴含着什么应该做、什么不应该做的标准。它首先是道德标准,如果有立法,也应该是需要遵守的法律准则。它的基本要义是:

首先,禁止机器人通过自主活动或者接受他人指令,对人造成伤害,并要求机器人看到人遭受伤害时,伸出援救之手。也就是说,当机器人依照程序作业有可能伤害人时,应当中断该程序;而且,不允

---

① [美]艾萨克·阿西莫夫:《我,机器人》,国强、赛德、程文译,北京:科学普及出版社1981年版,第1页。

许将机器人用作殴打、谋杀、自残、自杀的工具。

其次，在上述前提下，机器人享有自保的权利[1]。因此，三个定律有高下之别：其优先权依序递减。"不得伤害人"优先于"服从人的命令"，服从定律则优先于机器人的"自保"[2]。人的安全是第一位的。

不难看出，阿西莫夫机器人学三定律，不完全是一部科幻小说的线索或准则，而是具有明显的伦理学意涵。正如罗杰·克拉克（Roger Clarke）指出的："[阿西莫夫的]定律简单明确，包含了'世俗诸多伦理学体系的核心指导原则'。它们似乎也确保人对机器人的持续支配权，禁止将机器人用于邪恶目的。"[3] 因此，许多人工智能和机器人技术专家认同这三个定律，甚至有人预言，随着科学技术的发展，阿西莫夫三定律可以成为未来"机器人伦理学"的基本框架或原则。之所以这样说，是因为阿西莫夫在提出机器人学三定律的同时，也表现出对机器人可能出现的问题的忧虑。这些忧虑本身既是对机器人技术的忧虑，也是对机器人伦理学的忧虑。从当今人们讨论的机器人伦理学的内容中，我们可以清晰地看到阿西莫夫机器人学三定律特别是第一定律的影响。

阿西莫夫的伦理学忧虑

在阿西莫夫《我，机器人》[4] 的八个故事中，我们可以看到阿西

---

① Michael Anderson and Susan Leigh Anderson (ed.), *Machine Ethics*, Cambridge: Cambridge University Press, 2011, p.259.

② Spyros G. Tzafestas, *Roboethics: A Navigating Overview*, p.42.

③ Michael Anderson and Susan Leigh Anderson (ed.), *Machine Ethics*, p.256.

④ 以下内容参见 [美] 艾萨克·阿西莫夫：《我，机器人》。

莫夫对机器人发展的憧憬、技术忧虑和伦理思考。

故事《环舞》，展示了作者对于机器人学三定律实施过程中可能遇到的问题的忧虑。当机器人学三定律在实施中发生冲突时，机器人何去何从？这里面并不涉及道德问题，而是纯粹的机器人学问题。不过，三定律在运行时彼此冲突，也许并不只是科学幻想。

《推理》假设某星球的机器人拥有了理性，并且只相信推理。由于机器人有超强的推理速度和能力，它把人视为不善于推理的生物，视为比其低等的生物，于是它统治了人类。尽管第一定律在发挥作用，它不会伤害人类，但第二定律却失效了。当机器人的推理能力超越人类，并且它的推理能力还以信仰为依托时，天地间没有任何东西可以动摇它，它成为主宰，主从关系颠倒，这是不是很可怕呢？

《捉兔记》为机器人设置了控制机器人主动精神的线路。在紧急情况下，如果没有人在场，机器人的主动精神就会被紧急调动起来。结果有可能是，机器人的主动精神得到充分发挥时，它会失去控制，甚至组织一支机器人军队，那就什么事情都有可能发生了。这是从机器人学的角度出发，对机器人可能发生的问题的设想。

《讲假话的家伙》假设机器人有超强的推理能力、极速的计算能力和超凡的捕捉信息的能力，但当它们拥有捕捉人的情感和心理的能力时，就能猜透人的心思，它们会"借此给自己大捞资本"，也有可能凭借自己捕捉的信息，窥视人的心理，从而控制人的情感、人际关系，继而控制人的一切事务，结果是主从关系被逆转。这一故事特别提到何谓机器人对人的伤害。情感伤害是不是伤害？阿西莫夫机器人第一定律只规定"机器人不得伤害人"，但没有明确定义何谓伤害。似乎阿西莫夫自己也意识到了这一点，因而在《讲假话的家伙》

中有此一问。

《捉拿机器人》描述了一个被特殊设计的机器人。人类出于某种目的（无论这种目的多么正当），没有为某些机器人输入机器人学第一定律的全部内容，或者说，修改了机器人学第一定律。由此引发的问题是机器人歪曲地使用第一定律，以致失控。政府、利益集团、社会组织或者其他机构出于某种目的修改机器人学第一定律，本身就意味着将人类置于某种不可预测的危险境地，这是一种伦理学的隐忧，这种忧虑本身也是一种道德质疑。不仅如此，这种忧虑本身也引起相关的立法问题，只是作者没有明确提出而已。故事中的一段话，深深地展示出人的忧虑："一切正常的生命都会有意识或无意识地反对统治。如果这种统治来自能力低下的一方，这种反感就会更加强烈。在体力方面，一定程度上也包括智力方面，机器人，任何一个机器人都优越于人。是什么东西使它变得顺从的呢？只有第一定律！噢，要是没有这第一定律，您给机器人一下命令，它就可能把您搞死。"[1] 当第一定律被修改或有限使用，结果不堪设想。

《逃避》构想了一种有心理活动的机器人。阿西莫夫认为，机器人心理学还远未完善。尽管机器人的正电子脑异常复杂，但它毕竟是根据人的标准来制造的。人类每当陷入困境，通常采取逃避现实的办法，拒绝或不敢面对现实。机器人也是如此，当它碰到左右为难的事情时，一般情况下，它的半数继电器将毁损；而在最坏的情况下，正电子脑的全部线路都会被烧坏以至无法修复。[2] 根据人的标准制造

---

① ［美］艾萨克·阿西莫夫：《我，机器人》，第 145 页。

② 同上书，第 179 页。

机器人正电子脑，意味着人类有可能把自身的弱点和欲望输送给机器人，它最终导致的问题既是机器人技术问题，也是机器人伦理学问题。

《证据》设想机器人竞选市长引起的问题。机器人的设计者有一个美丽的梦想："如果能制造出一种能担当社会行政长官的机器人的话，那它必定是社会行政长官之中的佼佼者。根据机器人学定律，它不会伤害人，一切暴虐、贿赂、愚蠢和偏见与它都将是不相容的。"①这一故事透出人类对于机器人可能统治人类的恐惧。

阿西莫夫在讲述了若干个故事后，如是说道："机器人学三定律，同时也是世界上大多数道德规范的最基本的指导原则。每个人都有自我保护的本能。对机器人来说，这就是它的第三定律。每一个具有社会良心和责任感的'正派'人，他都要服从于某种权威。他听从自己的医生、自己的主人、自己的政府、自己的精神病医师、自己的同胞的意见；他奉公守法、依习随俗、遵守礼节，甚至当这一切影响到他个人的安逸或安全时，他也恪守不渝。对于机器人来说，这就是它的第二定律。还有，每一个'高尚的人，都应像爱自己一样去爱别人，保护自己的同志，为救他人而不惜自己的生命。这对机器人来说，就是它的第一定律。"②

阿西莫夫对机器人的忧虑，总体而言体现在如下几个方面：1. 机器人学纯技术方面的问题。无论在任何情况下，这技术方面的问题总会有的。人是不完善的，人设计的机器人当然也是不完善的。2. 人为

---

① 阿西莫夫：《我，机器人》，第 242 页。

② 同上书，第 225 页。

导致的机器人技术问题。阿西莫夫担心的是人出于某种利益和欲望，人为地改变机器人学定律特别是第一定律，由此导致可怕的后果。这既是技术方面的，也是伦理学方面的，事实上还应该是法律方面的问题。3. 由于技术、科研、工艺、利益、政治、经济、社会等问题，导致机器人对人可能的伤害、支配、控制。4. 三定律在机器人日常行为中可能产生的伦理学问题。

仅仅是这些方面的问题，已经够让人穷于应付的了。然而，问题并不这么简单。三定律本身便引人怀疑，这种怀疑不仅来自科学幻想小说的粉丝，更来自那些机器人专家和软件编程人员。

首先，三定律语言含糊。小说可以含糊其词，因为对于文艺作品来说，这样可以为小说冲突情节的展开提供线索或诱因。然而，含糊其词的三定律一旦被用于机器人工业设计和制造，便会引发种种问题。譬如，如何区别"伤害"（harm）与"损伤"（injure）？是否允许不危及生命的伤害？有无或如何判别心理伤害的标准？机器人会如何理解人（human）？于是，"定律，甚至第一定律，都不是绝对的，可以被机器人的设计者任意界定"。[①] 更何况，人们的理解建立在文化差异的基础上，对同一事物不同宗教、民族和社会之间有显著的差异。由此产生的问题是：人与机器人之间是否也有文化差异？可否把机器人视为有文化的准生命体？毕竟人是感情、理性、欲望的复合体，而机器人只拥有单一的逻辑体系。

其次，在机器人的行为抉择中，判断起着重要作用。即便定律的言辞在意义上明确无误，但仍然需要机器人确认。毕竟定律本身只具

---

① Michael Anderson and Susan Leigh Anderson (ed.), *Machine Ethics*, pp.261-263.

有一般性，而其对象却是各种千变万化的特殊情况。定律是否以及在多大程度上适用于某种特殊情况，中间环节需要机器人来判断。小说中的机器人必须能够准确判断主人遭受危险的程度，及时伸出援助之手。然而，机器人的判断标准应该是什么？面对模棱两可的困难选择时如何取舍？难以预见的复杂情况给机器人的判断带来许多问题。[①]

再次，阿西莫夫本人发现，机器人学三定律可能会困于死局。例如，机器人接收到两个相互冲突的指令；或者，在保护一个人的同时可能伤害到另一个人。按照阿西莫夫的观点："大脑无论多么精致和复杂，总有某种方式引发矛盾。这是数学的一个基本真理。"[②] 因此，机器人必须有能力识别并避免死局："如果根据它的判断，A 与 –A 将引发同等不幸，那么它会以完全不可预见的方式作出选择，并绝对执行这一选择，而不会陷入心灵冻结局面。"[③] 另一类死局是机器人的决策时间所导致的：当人遭遇危险时，机器人是必须立即行动，还是需要经过细致分析数据后采取行动？前者可能因判断失误造成恶果，后者则可能因为处理数据花费时间而导致短暂的无效或死局，即"分析所致的瘫痪"（paralysis by analysis）。[④]

面对各种困难和批评，阿西莫夫不断对其三定律重新解释或加以修正。最重要的修正是增加了机器人第零定律（Zeroth Law of Robotics，1985 年）。第一定律仅针对人类个体，然而，当一个人与多人或整个人类同时遭受危险时，机器人必须有正确的选择顺序。不

---

① Michael Anderson and Susan Leigh Anderson (ed.), *Machine Ethics*, pp.261-263.

② Ibid., p.264.

③ Ibid.

④ Ibid.

然，有可能因小失大，造成对整个人类的伤害。之所以用序号"零"，是为了继续贯彻"优先权依序递减"的原则。修改后的定律如下：

机器人第零定律：机器人不得损害人类，不得袖手旁观，坐视人类遭受伤害。

第一定律：机器人不得损害个人，不得袖手旁观，坐视个人遭受伤害，除非该行为违反第零定律。

第二定律：机器人必须服从人的命令，除非该命令违反第零或第一定律。

第三定律：在不违反第零、第一、第二定律的前提下，机器人必须尽力保存自己。①

阿西莫夫试图通过机器人第零定律，向机器人发布明确的指令："人类整体比人个体更重要。有一条定律比第一定律更重要，即'机器人不得损害人类，不得袖手旁观，坐视人类遭受伤害'。"② 这种修改更加凸显阿西莫夫定律的基本伦理原则：始终确保人类支配机器人，防止将机器人用于邪恶目的。

问题在于，人们能否消除定律自身存在的矛盾和模糊性？定律本身是否道德正确？更重要的是，即便定律天衣无缝，具有（制造）什么结构和能力的机器人，才能够准确无误地贯彻这些定律？这里不仅涉及对机器人伦理学的总体展望，还涉及与机器人制造和运用相关的具体技术、实践、文化、法律等问题。

康涅狄格大学教授苏珊·利·安德森（Susan Leigh Anderson）几

---

① Michael Anderson and Susan Leigh Anderson (ed.), *Machine Ethics*，p.268.

② 转引自上书，p.269。

乎完全否认阿西莫夫的三定律，其理由是，尽管机器人很难具备人一样的道德能力，诸如感受、自我意识、道德主体、理性能力和情感，但是，它们可能被设计制造成具有类似人的相应功能，甚至比人更坚决地遵守道德原则，因其程序是依照理想道德编制的，没有人的非理性情感的驱使。因此，我们不应虐待机器人，而阿西莫夫三定律将机器人当作奴隶，这在道德上不可接受。①

俄亥俄州立大学教授戴维·伍兹（David Woods）则从另一角度否认阿西莫夫三定律，他指出："……我们的机器人文化观点始终是反对人，赞成机器人。"②因为人们设计机器人时，试图用机器人弥补人的不足，制造出一个完美的人。我们借机器人构想人的未来，因而关注的是寄托在机器人身上的愿望，并非现实。阿西莫夫三定律便是这种思维的产物。事实上，专业人员现在仍为如何解决机器人的视觉和语言技能发愁。于是，伍兹教授和得克萨斯农工大学（Texas A&M University）教授罗宾·墨菲（Robin Murphy）完全摈弃阿西莫夫的三定律，提出新的三定律，把人们关于人—机（机器人）的思考建立在坚实基础上，聚焦于人应当如何开发和配置机器人，千方百计确保足够高的安全标准。他们提出的三定律如下：

第一定律：当人—机（机器人）作业系统不符合安全和道德的最高法律标准和职业标准时，人不得配置运用机器人。

第二定律：机器人仅对具有适当角色的人作出响应。

第三定律：机器人必须具备充分的自主权，以保护自身存在，只

---

① Michael Anderson and Susan Leigh Anderson (ed.), *Machine Ethics*，pp.285-296.

② 引自 https://news.osu.edu/news/2009/07/29/roblaw/，2022 年 3 月 1 日访问。

要这种保护提供平稳的控制转换机制，且不违反第一、第二定律。①

第一定律表明人运用机器人的现实条件，强调安全和伦理方面的高标准。第二定律指出机器人对人的命令理解有限，往往仅能针对有限的一类人作出响应，并非普遍适用。第三定律保障机器人具有自保能力，能够应对现实世界中随机发生的各种情况，自动采取行动。"底线是，机器人必须应对自如，且能够复原。它们必须能够保护自己，而且必要时，能够平稳地将控制权转交给人。"②

阿西莫夫定律侧重机器人的道德行为，将机器人看作完全的道德行为者；伍兹等人新的三定律，则试图将人们对机器人的思考拉回现实，侧重人应当如何研发和配置机器人，关注系统的响应性和复原能力，从而真正"以人为中心"，更安全地规范人与机器人的关系。他们的三定律似乎比阿西莫夫定律更脚踏实地。不过，将其作为机器人伦理学的基础，恐怕恰恰缺乏阿西莫夫关于人—机器人互动的想象力，难以涵盖未来自主性机器人的行为规范。

不过，有一点十分清楚：机器人伦理学无论以什么原则作为基础，都必须能够应对现实提出的伦理挑战。

三、现有的机器人类型及其相关的伦理学问题

阿西莫夫定律主要还是从科幻的视角设想机器人的行为，以科

---

① R. Murphy and D. D. Woods, "Beyond Asimov: The Three Laws of Responsible Robotics," in *IEEE Intelligent Systems*, vol. 24, no. 4, p.19, 2009.

② Ibid.

学想象的形式警示人们注意，程序缺陷、机械故障、突发行为、人机沟通障碍以及其他意想不到的错误，可能诱发机器人不可预见的潜在危险。当今机器人伦理学的出现，则是首先面对现实的机器人正在造成或可能造成的现实的危险，并通过前车之鉴，及早制订应对策略，迎接机器人工业可能提出的社会和伦理挑战。而他们思考的基础，除了一般伦理学理论外，阿西莫夫学说是一个重要参照。

对机器人的一般界定

现阶段机器人有哪些类型？机器人的应用提出了哪些现实的社会伦理问题？

尽管目前尚无公认的"机器人"的定义，不过很明显，严格意义上的机器人不同于一般的自动化设备。按照乔治·A. 贝基（George A. Bekey）的界定，机器人是"处于世界中的机器，可以感觉、思想和活动，因此，机器人必然具有传感器、模仿某些认知的信息处理能力，以及制动器。传感器需要从环境获取信息。反应行为（如人的伸展反射）不要求深层认知能力，但是，如果机器人试图自主执行有成效的任务，就必须具备机载智能，并且需要施动力驱使机器人作用于环境。一般来说，这些力量将致使整个机器人，或者某一要素（诸如臂、腿或轮）运动"。[①]

贝基所说的"思想"，意指该机器能够处理传感器传输的信息，独立（自主）作出决策；他所说的"自主"，指机器一旦被激活，能

[①] George A. Bekey, "Current Trends in Robotics: Technology and Ethics", in *Robot Ethics: The Ethical and Social Implications of Robotics*, edited by Patrick Lin, Keith Abney, and George A. Bekey, Cambridge: The MIT Press, p.18.

够在很长一段时间里，在现实环境中运作，无须外部控制。这个"机器人"的定义，不限于机电类型，也为未来的生物机器人留有余地，但不包括所谓虚拟或软件机器人。

20 世纪 70 年代，美国首先研发出制造业机器人，开机器人制造业先河；80 年代，机器人研发的领先地位转移至日本和欧洲；90 年代，日本、韩国、南非、德国、澳大利亚等国，机器人研发都表现出强劲的发展势头；直到 2010 年左右，美国才重整旗鼓，再次夺回机器人研发的前沿阵地。[①] 今天，机器人研发有以下几个活跃的革新领域：[②]

- 人—机器人互动（工厂、家庭、医院等）
- 机器人表现并识别情感
- 具有可控肢体的类人机器人
- 多重机器人系统
- 自动化系统，包括汽车、航空器、水下交通工具

机器人工业蓬勃发展，其速度远远超出人们的想象。现在，各类机器人已经进入社会生活，广泛用于劳动与服务、军事与安全、科研教育、医疗保健、个人陪护、环境保护、娱乐等各个领域。不仅大大提高了生产效率，减轻了人们的负担和风险，而且为人们的生活带来许多便利。机器人不再是为人利用的纯粹工具，也在社会中发挥一定作用，甚至成为人类的朋友。

然而，随着机器人进入社会和人们的生活，必然提出许多现实的社会和伦理问题。正如最近几十年兴起和发展的计算机产业，不得不

---

① George A. Bekey, "Current Trends in Robotics: Technology and Ethics", in *Robot Ethics: The Ethical and Social Implications of Robotics*, p.19。

② Ibid.

面对许多未曾预料的社会伦理挑战：企业裁员、隐私泄露、侵犯知识产权、现实世界异化、网络霸凌、网络安全、网瘾，等等。[①] 不难设想，机器人产业将会遇到比计算机产业更为严峻的社会和伦理挑战。有些风险和问题已经造成不良后果，赤裸裸地摆在人们面前，有些则隐藏在未来机器人的行为结构和人机关系中，但并非不可预见。

为了叙述方便，我们根据机器人的不同用途，将机器人分为工业机器人、医用机器人、家用机器人、军事机器人等若干类型，分别讨论相关社会和伦理问题。

工业机器人

据国际机器人联盟（International Federation of Robots）估算，2008 年，世界已经有 139 万个工业机器人实际用于生产。[②] 相信十多年后的今天，会有更多的机器人进入工厂和企业。

用成本相对较低的机器人取代工人，显然是增加经济效益和增强工厂竞争力的明智选择。况且，机器人擅长沉闷、污浊、危险（dull、dirty、dangerous，3D）的工作，其效率往往优于工人。但是，我们不得不关注随之而来的社会问题。

首先，失业问题。机器人取代工人从事生产劳动，致使工厂裁员，导致数量不少的工人失业。大量裁员必将引发社会问题，增加工人的忧虑和恐慌。就像今天的电商挤垮许多实体零售商一样，未来机

---

① Patrick Lin, "Introduction to Robot Ethics", in *Robot Ethics: The Ethical and Social Implications of Robotics*, p.3.

② George A. Bekey, "Current Trends in Robotics: Technology and Ethics", in *Robot Ethics: The Ethical and Social Implications of Robotics*, p.20.

器人或将大量取代产业工人。这甚至诱使人们猜疑，随着智能机器人的发展，机器人是否将取代所有人的工作？这不仅会引起工人的忧虑和恐慌，而且关键在于，工人们需要工作，需要养家糊口。难道真像有人说的，失业者获得了自由，可以寻找更能发挥自身能力的工作，抗拒机器人带来的变化就是支持低效率？政府的决策者、机器人的制造者和使用者，是否有责任考虑失业者的去向及未来？

其次，安全问题。早在 20 世纪 80 年代左右，工业机器人的使用便遭遇了安全问题。安全问题可能由如下因素造成：

第一，机器人技术不完善引发的安全问题。

1979 年 1 月 25 日，在美国密歇根州的一家福特制造厂，一个机器人整理仓库时手臂撞击一名工人头部，导致其死亡。1981 年，一名日本工人在维修机器人时被杀死。于是，人们用围栏将有潜在危险的机器人与工人隔离。然而，仍有人冒险攀越安全栏，被机器人杀死。因此，当人机共同作业时，如何避免或降低机器人出错，以保障人类自身安全，这是人们需要考虑的重要问题。新技术首先必须是安全的。20 世纪 90 年代，美国西北大学的 M.A. 佩石金（M. A. Peshkin）和 J. E. 科尔盖特（J. E. Colgate）研发了与人共担责任、合作执行任务的合作机器人（cobots），由人主导，有效避免了机器人操作对人带来的潜在危险。①

安全显然依赖于机器人的设计和程序，某个微小的失误或缺陷，就有可能酿成严重的后果。例如， 2007 年，南非军队部署的半自动

---

① George A. Bekey, "Current Trends in Robotics: Technology and Ethics", in *Robot Ethics: The Ethical and Social Implications of Robotics*, p.21.

机器人火炮故障，杀死 9 名友军，伤及 14 名其他人员。2010 年 8 月，美国军方无人机试飞过程中失去控制，侵入华盛顿特区禁飞区，对白宫和其他政府部门构成威胁。

第二，黑客是干扰机器人安全运行的另一潜在威胁，如何防范，是一个重要课题。它涉及计算机、软件、机器人技术、法律和道德。

当机器人进入制造业，与人共同作业时，自然产生人与机器人之间的交流与沟通，其中的任何误解都可能造成不良后果。因此，人们必须关注：如何从机器人的设计制造与人的行为两方面保障安全？机器人进入市场或社会之前，应当达到多高的安全系数？

医用机器人

"医疗领域应用的机器人，用于医院的材料运送、安保和监视、保洁、核辐射区监测、爆炸物处理、药房自动系统、集成手术系统等。手术机器人系统代表一种特殊的遥控机器人，有助于外科医生实施精密的外科手术，远比传统的手术更精确、成功率更高。"[①]因为社会的迫切需求，人们对医用机器人颇有期待，这促进了相关研发事业迅速发展。医用机器人运用范围广泛，包括诊断、护理、手术、物理治疗、矫正和康复等。这个领域要求更频繁的人—机器人互动，因而会产生更多的社会伦理问题。最常见、且广泛使用的医用机器人之一是"护士助理"。最早的"护士助理"（nurse's assistants）机器人，是 Pyxis 公司销售的轮式"助手"（Helpmate），能够帮助护士运送药品、化验试样、仪器设备、病历等，穿梭在医院各

---

① Spyros G. Tzafestas, *Roboethics: A Navigating Overview*, pp.47-48.

科室、病房之间，自动避免与人碰撞。

卡内基·梅隆大学（Carnegie Mellon University）和匹兹堡大学（University of Pittsburgh）研发了一款名为"珍珠"（Pearl）的护士机器人，能够在病房看护老年人、提醒病人按时服药、提供相关信息、安抚病人。

还有一类机器人与病人没有任何物理接触，仅仅通过语音与病人互动，指导、安慰、鼓励、劝导病人，陪伴病人，帮助病人缓解不良情绪，有助于病人早日康复。欧洲各国、日本、韩国也有类似的研发。

护理机器人与人几乎是一对一的互动关系，其社会和伦理问题，主要体现在以下几个方面：[①]

• 病人可能对机器人产生情感依赖（分离即引起强烈不适）

• 机器人无法回应病人的生气或失望情绪，除非有人的帮助

• 机器人为多个病人服务时，可能无法确定优先次序，引发病人不满

手术机器人的典型例子是"达·芬奇"（da Vinci），"在三维（3D）显示屏的帮助下，提高外科医生的能力，使他/她能够更精确地实施微创手术"。[②] 具体的操作方式是，由外科医生远程遥控实施手术的机器人，这种机器人已经为几百家医院广泛使用。

手术机器人，正如《机器人伦理学导引》作者所言，即"医用机器人的主要分支，是机器人的'**外科手术**'（surgery）领域，在现代外科手术中，该领域日益壮大，地位显著。机器人外科手术的支持者主张，机器人协助外科医生实施外科手术，能够提高检测手段，增强可

---

① George A. Bekey, "Current Trends in Robotics: Technology and Ethics", pp. 22-23.

② Spyros G. Tzafestas, *Roboethics: A Navigating Overview*, p. 48.

见度和精确度，其总体结果可减少病人的痛苦和失血量，降低病人的医院留滞率，最终，可让病人尽快康复，回归正常生活"。[①]

从另一个角度看，机器人用于手术，同样会产生一系列社会和伦理问题。例如，假设完成机器人手术之后，患者病情加重，出现并发症，谁对此负责？是机器人的设计者、制造者，还是建议使用机器人的医生或医院？假如已知手术可能存在风险，医生或医院仍建议使用机器人，这是否道德？多大的失败概率可以被判定为不道德？多大的风险可以接受？医生确定使用机器人是出于患者需要，还是为了节省自己的时间或精力，抑或出于更令人不齿的目的？如果机器人生产商给使用手术机器人的医生回扣，将会怎么样？

就算没有上述问题，也还会有我们必须面对的社会问题。手术机器人的使用，必须采取许多相应的安全措施。而且，其精度和准确性，至少不应低于医生。由此产生的问题是：越来越多地使用相对廉价的机器人做手术，可能造成外科医生的"卢德运动"[②]。而且，外科医生的需求锐减，甚至会导致外科医生手术技能的失传。这也许不是伦理学问题，但也是我们必须考虑的社会问题。

另一个是个人隐私的保护问题。手术过程中，需要患者的大量信息，这些信息很容易被政府部门、雇主、保险公司和其他机构所利用，甚至被不法分子窃取。窃取个人信息，侵犯个人隐私，既是道德

---

① Spyros G. Tzafestas, *Roboethics: A Navigating Overview*, p. 81.

② Luddism，即卢德主义，简单地说，就是反对机械化和自动化的倾向，最早发生于19 世纪英国工业革命前夕。1811 年至 1816 年间，一群有组织的英国工人及其同情者认为，机器夺走了他们的工作，于是开始破坏英格兰中部和北部的制造业机器，以保住自己的饭碗。这些新技术的敌人被称为"卢德分子"。

问题，也是法律问题。因此，需要建立严格的防范措施。但是，真的有严格的防范措施吗？即便有，又有多大的可操作性？

家用机器人

"家用和家务机器人（domestic and household robots）是一种移动机器人和移动操作器，用于从事日常家务，诸如清洁地板、清洁泳池、制作咖啡、侍奉服务，等等。能够帮助老年人和有特殊需求人士（People with special needs，简称 PwSN）的机器人，也可归入此类，尽管它们属于更为专业的助力机器人。今天，家用机器人也包括帮助家居的类人机器人。"①

机器人进入家庭已经成为现实。现在，不少家庭拥有吸尘清扫功能的简单机器人。相信不久的将来，会有功能更强大的机器人进入更多家庭，帮助人们料理家务、照顾孩子、做饭、看家，等等。家用机器人（Roomba Robot）将不再是奢侈品，而是成为人们的家居用品或家庭伴侣。这种机器人具有类似人的属性，与人的互动更频繁、更多样、更密切，亦被称作仿人（类人）机器人（humanoid robot）。森政弘（Masahiro Mori）的"恐怖谷效应"（Mori，1970）曲线表明与人的"形似"程度如何影响了人对机器人的信任，这提示机器人的设计者必须充分考虑人的心理接受能力。技术的改善，对于仿人机器人与人的相处和互动具有重要作用，如高灵敏度的传感器、安全的制动器、仿真声音和手势，都会增强人—机器人互动的效果。日本三菱重工研发的伴侣机器人"若丸"（Wakamaru）、法国奥尔德巴伦机器人研发公

① Spyros G. Tzafestas, *Roboethics: A Navigating Overview*, pp. 49-50.

司（Aldebaran Robotics）生产的实验室仿人机器人"闹"（Nao），以及德国卡尔斯鲁尔理工学院（KIT, Karlsruher Institut für Technologie）研发的厨房助理机器人阿尔玛（ARMAR），都具有复杂的仿人性能，能够与人良好地互动。目前，估计有数万台类似的机器人被用于家庭和日常生活。机器人与人相处越密切，引发的伦理问题就越多。例如：

- 如果允许机器人接触家庭所有地方，有可能泄露个人隐私
- 机器人可以接受不道德的命令（如盗窃邻居）
- 机器人的权利和义务问题：是否应当像对待人一样尊重他们？
- 情感关系：如机器人与愤怒者的关系，对机器人吼叫有道德问题吗？机器人犯了错误，应当如何处罚？
- 机器人如何应对多人发出的不同指令？
- 机器人的使用将引发很多情感问题，尤其是伴侣机器人或情人机器人

军事机器人

军事机器人是用于战争或作战的机器人。《韦氏词典》（*Free Merriam Webster Dictionary*）把战争定义为：（1）"国与国、群体与群体之间的战斗状态或战斗时期"，（2）"国家或民族之间通常公开宣布的军事敌对冲突状态"，（3）"武装冲突的时期"。[①]

对于战争，实在论者认为，战争是不可避免的。尽管有不少人认为，"战争是坏事，因为战争造成对人民的蓄意杀戮或伤害，它

---

① 转引自 Spyros G. Tzafestas, *Roboethics: A Navigating Overview*, p. 140。

从根本上说是践踏受害者的人权"。① 但是，不可否认的是，战争是人类历史的重要组成部分，古代著名的特洛伊战争、希波战争、伯罗奔尼撒战争、亚历山大东征、罗马—波斯战争、哥特战争、拜占庭—波斯战争、中世纪的十字军东征；近代欧洲几乎天天都在打仗；20 世纪让世界天翻地覆的两次世界大战、20 世纪下半叶到 21 世纪，连绵不断的局部战争，从一个特定的角度，勾勒出人类发展的历史进程。在某种程度上可以说，世界文明史的进程，每一步都伴随着战争。或者说，战争是历史进程的助力器，尽管是以血腥的方式。

和平主义反对一般情况的杀戮，也反对特殊情况下，出于政治目的（通常发生在战争期间）的大屠杀。② 和平主义认为战争永远是错误的，没有道德基础。但是，当敌人打来，生灵涂炭时，和平主义等于是纵容侵略。既然战争不可避免，那么随之而来的思考，无疑是战争是否有正义性可言，如果有，那么什么是正义战争？这是战争伦理学问题。军事机器人伦理学，涉及战争理论和战争伦理问题，笔者想多说几句。

四、战争理论的演进

我们之所以单独探讨军事机器人或战争机器人问题，是因为其特

---

① 转引自 Spyros G. Tzafestas, *Roboethics: A Navigating Overview*, p.141。

② Ibid., p.142。

殊性。我们前面谈到的机器人类别，就直观的目的而言，是力图直接造福消费者。尽管背后有不少利益和商机，也有诸多不尽如人意之处，但是，不可否认，这些利益和商机是通过满足人类的需求、造福人类实现的。它的出发点是善的。

战争和军事机器人则不同。它的出现，首先伴随着血腥和暴力，也伴随着苦难和死亡，这与战争本身的性质有关。正如奥古斯丁所说，在属地之城争取和平是低等的善，然而就是这种低等的善也是通过战争、暴力等手段实现的。因此战争在奥古斯丁那里是恶。自奥古斯丁以降，战争是恶的观点，始终是西方人看待战争的基本态度。

施皮罗斯·G. 查夫斯塔（Spyros G. Tzafestas）在《机器人伦理学导引》一书中指出，"**正义战争理论**实质上基于基督教哲学，为奥古斯丁、阿奎那、格劳秀斯、苏亚雷斯等人所支持。人们普遍认为，**正义战争理论**的奠基者是亚里士多德、柏拉图、西塞罗和奥古斯丁"。[1]这是一般的政治哲学观点，笔者不打算从柏拉图谈起，只想简要地阐释对现代正义战争理论最有影响的几个思想家的看法。

奥古斯丁不是探讨正义战争理论的第一人，确实如施皮罗斯·G. 查夫斯塔所说，在奥古斯丁之前，柏拉图以降，有一长串古代哲学家都探讨过正义战争理论。那么，为什么西方思想家追溯正义战争理论传统，不是从柏拉图、亚里士多德或者其他哲学家开始，而往往是从奥古斯丁开始，以至于奥古斯丁被西方学者称作"正义战争理论之父"？为什么无论基督教哲学家还是世俗哲学家，都是如此？

---

[1]　Spyros G. Tzafestas, *Roboethics: A Navigating Overview*, p.143.

奥古斯丁为基督徒参战破题，为战争的正义性奠基

在迦太基学习期间，奥古斯丁发现了西塞罗的作品，他把西塞罗当作自己的楷模，以期学会西塞罗式的雄辩。在此期间，他也接触到了《圣经》。迦太基的奢华和堕落，使奥古斯丁感到困惑。举目所见，大地似乎都被污浊所浸泡。整个世界如同黑暗的沟壑，被人的罪、恶、欲所充填。人们喜欢的东西，只有食、色。这一切在奥古斯丁眼中都是恶。他一遍遍问自己"为什么我们要作恶"，这个问题一直困扰着他，也是奥古斯丁毕生想破解的哲学问题。

恶的问题在奥古斯丁思想体系中，既是形而上学问题，也是道德问题，还是信仰问题。更重要的是，它还是理解奥古斯丁眼中上帝与人、天国与俗界、灵魂与肉体、意志与信仰等关系的根本之所在。如果我们从基督教人道主义的角度看，可以说，奥古斯丁正是通过对恶的问题的探讨，把信仰问题提到了一个前所未有的高度——人的根本存在。他对于战争的看法，也是基于对于人性恶的探究，而对于恶的研究，是奥古斯丁战争理论的形而上学前提。

公元 428 年 8 月底，西罗马人统治下的希波城，面临着汪达尔人的入侵。已是风烛残年的奥古斯丁，目睹了西罗马帝国的灭亡，仅仅几个月的时间，帝国就被野蛮人劫掠一空。公元 430 年 8 月 28 日，奥古斯丁仙逝，享年 76 岁。当敌人入侵，罗马帝国面临覆灭之时，奥古斯丁呼吁以暴制暴。奥古斯丁在《上帝之城》第一卷谈道，自古以来，战争惯例是征服者（胜利者）会残暴地屠杀被征服者，即屠城。奥古斯丁引用恺撒的说法证明这一点。基督教十条诫命之六：不可杀人。但是，上帝也为这一律法设置了一些例外，第一，按照法律处死

犯人。第二，服从上帝之命对敌作战。在这两种情况下，杀人不是犯罪，而是执行上帝的律法，是代表正义杀死恶人，这样的人，没有违反"不可杀人"的诚命。

在奥古斯丁看来，属地之城（世俗之城）有它自己的善，这种善无法与上帝之城的善相比，但是，人们也会因为这种善提供的好处而愉悦。不过，这种善与痛苦相伴，如它会因为诉讼、战争而导致分裂，等等，所以是一种低等的善。因为它是一种低等的善，所以"想要得到这种和平，竟然要用发动战争的手段来获取。……为了争取这种和平，战争连绵不断。当胜利来到为比较正义的原因而战斗的一方时，确实，有谁会怀疑这样的用处是值得欢乐的，由此得来的和平是值得向往的？这些事情是善的，它无疑是上帝的恩赐"。① 这一大段话透露出如下意涵：第一，战争的目的是为了争取和平；第二，为争取和平而战是善的，是上帝的恩赐。奥古斯丁指出，正义的战争是被允许的，但战争确系出于必须，而且只能以和平为目的。在他那里，正义战争包括抵抗入侵、恢复无可争议的权利和惩罚他者的过失，正义战争尽管是悲剧，但有时却是"必要的恶"。战争既是罪恶的结果，又是罪恶结果的一种补救，真正邪恶的不是战争本身，而是战争中的暴力倾向、残忍的复仇、顽固的敌意、野蛮的抵抗和权力的欲望。所以，如果战争是不可避免的话，也要抱着仁慈的目的，不能过分残忍。这里提出了战争的另一个准则，即使用暴力的分寸或尺度。

学者们通常把奥古斯丁关于战争的看法作如下归纳：第一，上帝

---

① [古罗马] 奥古斯丁：《上帝之城》，王晓朝译，北京：人民出版社，2007年，第637页。

是基督徒参与战争的权威。基督教依照上帝的意图，为保卫世俗之城、保卫家园、保卫公益和秩序而战，这是正义的战争。换句话说，基督徒只能参与正义的战争。第二，依照上帝意图参与战争不违反诫命。第三，战争的目的是和平，而不是杀戮。基督徒应为和平而战。第四，战争的目的是仁慈的，因此战争中不可过分使用暴力。现代战争理论通常把它称作比例相称规则（The proportionality rule）。比例相称是正义战争理论的基本要求，"比例相称原则要求，对平民的伤害，相对于预期的军事收益，绝对不能过多"。[①]

笔者以为，奥古斯丁之所以被称作"正义战争理论之父"，最重要的因素首先在于，正是奥古斯丁确立了正义战争的基本准则。奥古斯丁以降，对于战争正义性的探讨从未停止过，且内涵也在不断丰富、细化、具体化，然而基本准则确实源自奥古斯丁。其次，对于基督教世界而言，奥古斯丁是第一个破诫者，或者说，他用两个城的理论，成功地诠释了如何在世俗之城正确地坚持基督教信仰，从而为基督徒参与战争、保卫家园、保卫生命安全奠定了理论基础。《马太福音》5 章 38—42 节云："你们听见有话说：以眼还眼，以牙还牙，只是我告诉你们：不要与恶人作对。有人打你的右脸，连左脸也转过来由他打；有人想要告你，要拿你的里衣，连外衣也要由他拿去；有人强逼你走一里路，你就同他走二里；有求你的，就给他；有向你借贷，不可推辞。"当奥古斯丁阐释了正义战争准则之后，面对入侵之敌，基督徒不再是隐忍，而是拿起武器自卫。奥古斯丁赋予这种行为以正义性，摩西十诫第六条"不可杀人"被奥古斯丁的双城论作了新的诠释。

---

① Spyros G. Tzafestas, *Roboethics: A Navigating Overview*, p.149.

而且奥古斯丁引用了大量《圣经》范例，证明上帝如何指导以色列人投入反对其他民族的战争。"奥古斯丁认为，至少某些战争是神意，神的命令不仅对于理解奥古斯丁正义战争理论很重要，而且对于受奥古斯丁正义战争理论影响的和平主义传统也非常重要。在西方世界，以战争道德理论为基础的正义战争传统，最重要的对手，就是和平主义传统。"①"正义战争理论之父"意味着，奥古斯丁是第一个吃螃蟹者，或者第一个破诫者。

正义战争理论的系统阐释者阿奎那

阿奎那是西方正义战争理论另一个不可不谈的人物。他也是西方最早的、较为系统阐释正义战争理论的思想家。阿奎那继承和发展了奥古斯丁的正义战争思想。阿奎那的正义战争，建立在正义理论的基础上。阿奎那把正义区分为自然的正义和实在的正义：前者是无须证明的、天经地义的道德律令，适用于人类和国家的一切领域；后者则是可以证明的契约和制度，它从属于自然的正义。正义的目的在于调整人们之间的关系，促使人们为了公共幸福共同努力。秩序、和平以及公共幸福，就是公共的善，它高于个人的善；国家的意义，就在于通过法和制度保障公共的善。正是从公共的善出发，阿奎那进一步发展了奥古斯丁的正义战争理论。

在《神学大全》"Treatise on The Theological Virtues"（论受德）之"Question. 40 - OF WAR"，阿奎那提出四个问题：一、是否有一种战

---

① John Mark Mattox, *Saint Augustine and the Theory of Just War*, London: Continuum, 2006, p.48.

争是合法的。二、神职人员是否可以参与战斗。三、交战者是否可以运用诡计。四、圣日或节日是否可以交战。阿奎那第一次明确指出了正义战争的三大前提条件：（1）战争发动者和执行者是具有主权性质的权威，战争不是私人争斗；（2）战争具有充分而又正当的理由，如惩罚敌方的过错等；（3）战争具有正当目的和意图，如出于惩恶扬善的和平愿望等。

第一，元首的权力：应由他下令进行战争。的确，宣战不是私人的事；因为私人可以向上级的审断投诉，以维护自己的权利。再者，战争必须征召民众，这也不是私人的事。既然讲求大众的福利，是由首长们负责，所以正是他们，应该注意维护那些属于他们治下的城市、邦国或省区的公共福利。

第二，必须有一个正当的理由。有人受到攻击，应该是由于他们犯了某种错误。

第三，交战者必须有正当的意图。他们的目的，是想促进善事，或避免恶事。①

近代以来，最重要的正义战争理论家格劳秀斯

阿奎那之后，近代以来，在正义战争理论方面最重要的思想家、哲学家，首选格劳秀斯。格劳秀斯指出："在拉丁语中，代表'战争'的 Bellum 来源于一个古老的单词 Duellum，即'决斗'（Duel）……在古希腊语中，通常被用来指战争的 πολεμο 一词，其原意是指多

---

① 参见阿奎那：《神学大全》，第八卷，胡安德译、周克勤校，中华道明会／碧岳学社，2008 年，第 248—257 页。

数人的意见（an idea of multitude）。古希腊人也把战争称作 λυη，其意思是指众人意见'不和'（Disunion）。这正好与 δυη 一词所表达的意思相同，两者都是指组成一个整体的各个部分的'分裂与解体'（Dissolution）。"[①] 按照格劳秀斯的看法，这一战争的定义，并不包含正义的因素，它只说明什么是战争。他想做的是"把战争本身与战争的正义性区分开来"。[②] 格劳秀斯表示，他探讨的问题是：是否所有的战争都是正义的？什么造就了正义战争的正义性？

在格劳秀斯看来，正义（right）首先是一种社会关系状态，发生在社会关系中，可以发生在平等者之间，也可以发生在不平等者之间（不同等级间）。其次，正义指个人所具有的一种道德品质。如果这种道德品质没有缺陷，就被称作才能（faculty），如果有缺陷，就被称作资质（aptitude）。资质包括个人的权利，谓之自由；包括对他人的权力，如父亲对孩子，主人对奴隶；包括债权人在债务被偿还之前所保有的抵押利。此外，正义还有另一个意义——法。广义地说，正义指我们作出恰当行为的道德规范。对"正义"一词的广义理解，正是由"恰当"一词而来。格劳秀斯对于正义的讨论，与他的自然法思想直接相关。在他看来，正义就是不违背自然法，或者受自然法支配。自然法是不可改变的，即便是上帝，也不能改变自然法。对正义和自然法的讨论，是格劳秀斯关于战争问题长长的铺垫，笔者在这里不准备详谈。因为他关于战争正义性的讨论涉及这些问题，因而笔者简略提及。

---

① ［荷］格劳秀斯：《战争与和平法》，［美］A.C. 坎贝尔英译，何勤华等译，上海：上海人民出版社，2005 年，第 28 页。

② 同上书，第 29 页。

在探讨了何谓正义之后，格劳秀斯开启了战争正义性和正义战争的讨论。对于战争合法性，特别是基督教世界参与战争的合法性讨论，格劳秀斯依然承袭了奥古斯丁和阿奎那的相关思想。他探讨问题的出发点，是从《圣经》中寻找依据。这是中世纪乃至近代早期基督教世界讨论战争合法性的基本思路。

格劳秀斯引用卡西乌斯的一段话，阐释战争正义性的前提："正义必须成为我们采取行动的基本依据。因为，有了正义的支持，我们的军队才最有希望获得军事上的胜利。"[①] 他同时引用西塞罗的论述："缺乏足够理由而发动的战争，是非正义的战争。"[②] 格劳秀斯的意思是："如果战争是在缺乏正当理由的情况下发动的，那么它同样是犯罪。"[③] 受到伤害或者避免受到伤害，这是发动战争唯一正当的理由。格劳秀斯的这些说法，就是西方战争理论中著名的战争正当性法则。

发动战争的正当理由通常有三个：防卫（自保）、赔偿和惩罚。具体说来，即自保的权利、获得赔偿的权利、惩罚他国侵犯的权利。自保的权利无需多言；获得赔偿的权利，就是我们通常所说的割地赔款；而惩罚他国侵犯的权利，在第二次世界大战后，表现为成立国际法庭，对发动非正义战争者进行审判。自保的权利源自自然法，"自保源自自然赋予每个有生命的生物自我保全的法则"。[④] 事实上，格劳秀斯提出的战争正当性理由，构成现代正义战争三大法则的雏形，即

① ［荷］格劳秀斯：《战争与和平法》，第 106 页。
② 同上。
③ 同上书，第 107 页。
④ 同上书，第 110 页。

开战法则、战时法则、战后法则。这是自西塞罗以降逐步形成的国际战争法则。

格劳秀斯也谈到战时法则，只不过他不是这样措辞。他谈道，我们在战争中，是否可以进行大毁灭，答案是否定的。我们要避免"在铲除毒麦的同时，也铲掉了大麦。万能的主有时会宣告和实施大毁灭，这是他至高无上的地位赋予他的权利，这并不是要我们去遵循的规则。他并没有让人们行使权利时，拥有凌驾一切的、至高无上的权力"。[①] 战争中的合法行为，限于夺回自己被夺去的东西，在战争中为所欲为，不是正义行为。这在现代战争中，也被称作"比例"或者"分寸"。比例或分寸，也被视为战时准则的核心要义。而战后准则，同样要讲求分寸。"根据万国法，捕获到的所有财产，应用来抵消债务、支付费用，在获得应得的补偿、重新实现和平后，剩余的部分应该归还物主。"[②] 之所以持如此立场，是因为他认为，一个国家可能从事某些侵犯或不法行为，但并不就此丧失其政治资格。这一立场也是近代特别是 19 世纪以来国际社会普遍认同的法则。

仅以我们熟悉的庚子赔款为例，可以清楚地看到这一点。美国对于庚子赔款的做法，主要依据就是万国法，体现了"剩余的部分应该归还物主"的精神。1907 年 12 月 3 日美国总统在致国会的咨文中，要求国会授权退还庚款用于中国的教育，派遣学生来美为方式之一。该提案在美国会通过。1908 年美国总统便签署法案退还赔款 1160 万美元，在美国舆论界赢得一片赞美之声。退还分两次，1908 年退还

---

① ［荷］格劳秀斯：《战争与和平法》，第 360 页。
② 同上书，第 381 页。

赔款 1160 万美元，主要用于留美学生及兴办清华学堂。1911 年，清政府用美国退还的庚子赔款两千万两白银建立了留美预备学校清华学堂，也就是清华大学的前身，从此之后，有上千中国优秀青年作为庚款留学生，远赴美国求学。1924 年，美国国会通过决议退还其余的庚子赔款。美国得庚子赔款 3200 多万两，折合为美元 2400 多万元。1924 年第二次退还赔款 1254.5 万美元，把余下的所有对美赔款全数退还，用于兴办教育，资助中国对美留学。

1920 年 12 月英国通知中国将退还庚款，作为中英两国共同利益之用，并希望以英式教育教导中国人，发展中英贸易。法国这时也通知中国将退还庚款。中比、中意分别于 1925 年、1933 年订立协定退还庚款。1926 年，荷兰将庚款全部归还给中国。当然，这是题外话了。

除了基督教世界通行的理论前提：保卫世俗之城，是上帝赋予基督徒的权利，符合上帝之意，也符合自然法。格劳秀斯对于正义战争理论的主要观点可概括如下：第一，宣战。"要使一场战争成为正当的，不仅必须由双方主权权力拥有者实施，还必须经过正当和正式的宣布程序，并以某种方式使得每一交战方都能知晓。"[①] 这是开战准则，即必须公开宣战。格劳秀斯也引用了西塞罗《论义务》第一卷中的观点作为佐证："罗马法中有有关宣战公平性的规定，由此可以得出结论，即除了为恢复原状、寻求损害赔偿而进行的战争外，其他的战争都不是正常或正当的，而这也需要伴随一个正式的宣告。"[②] 遵守

---

① ［荷］格劳秀斯：《战争与和平法》，第 386 页。
② 同上书，第 386 页。

这些规则是正义战争的必要条件。公开宣战的意义在于，确定战争不是由冒险家进行的私人活动，而是双方公共主权授权的。第二，报复的适度性。"消灭敌人在任何地方都被称为'战争的权利'。……但是，战争权利并不能完全证明杀死战俘行为的正当性。"[①] 战争是为了报复，但是，报复只应当限于犯罪者本人，不应当殃及无辜，特别是妇孺、人质、伤员、战俘等。此外，格劳秀斯也探讨了分享战利品的准则。其中包括对于战俘的处理，他明确表示，对战俘不得将其贬为奴隶、不得买卖、不得强制苦役。格劳秀斯对战争正义性和相关原则的探讨，除了奥古斯丁和阿奎那曾经阐释过的基督教世界对于正义的相关立场以外，还基于三个基本依据，第一，神法；第二，自然法；第三，万国法。西塞罗是这些原则的奠基者。

施皮罗斯·G.查夫斯塔指出：正义战争理论试图以平衡的方式综合以下三个论点：

- 杀人是严重的错误。

- 国家（states）必须保卫它们的公民和正义。

- 有时候，保护无辜者的生命，捍卫重要的道德价值，需要自愿地使用暴力和武力。[②]

"**正义战争理论**包含三部分，其拉丁名称广为人知：*jus ad bellum*（开战正义）、*jus in bello*（战时正义）、*juspost bellum*（战后正义）。"[③] 这三个部分，施皮罗斯·G.查夫斯塔在《机器人伦理学导引》一书中有详细阐释。

---

① ［荷］格劳秀斯：《战争与和平法》，第 397 页。

② Spyros G. Tzafestas, *Roboethics: A Navigating Overview*, p.143.

③ Ibid.

现代战争理论

谈到战争，人们不免会想到战争哲学家卡尔·冯·克劳塞维茨（Carl von Clausewitze，1780—1831）的观点。克劳塞维茨表明，他"不打算给战争下一个冗长的、政论式的定义，只打算谈谈战争的要素——搏斗。战争无非是扩大了的搏斗。如果我们想要把构成战争的无数个搏斗，作为一个统一体来考虑，那么最好设想一下两个人搏斗的情况，每一方都力图用体力迫使对方服从自己的意志；他的直接目的是打垮对方，使对方不能再作任何抵抗。因此，战争是迫使敌人服从我们意志的一种暴力行为"。[①] 战争是暴力行为，而暴力行为主要指物质暴力："暴力，即物质暴力（因为除了国家和法的概念以外，就没有精神暴力了）是手段，把自己的意志强加于敌人是目的。为了确有把握地达到这个目的，必须使敌人无力抵抗。因此，从概念上讲，使敌人无力抵抗是战争行为真正的目标。"[②] 用我们今天熟悉的语言表述就是：消灭敌人的有生力量，使之无力抵抗。克劳塞维茨认为，在战争中，最终解决问题的是战斗，是流血。战争中追求的目的，可以是多种多样的：打垮敌人、消灭敌军、占领敌国领土、入侵敌人控制地区、待敌进攻等。达到这些目的的方式只有一种，那就是战斗。所谓战斗，就是消灭敌军，这不仅指消灭敌人的物质力量，还包括摧毁敌人的精神力量。物质力量和精神力量相互影响、相辅相成。

曾经担任德军总参谋长、"施里芬计划"的策划人冯·施里芬伯

---

① ［德］卡尔·冯·克劳塞维茨：《战争论》，第一卷，中国人民解放军军事科学院译，北京：解放军出版社，2005年，第2—3页。

② 同上书，第3页。

爵^①在《战争论》第五版导言中写道："无论从形式上还是从内容上，都是有史以来有关战争的论述中最高超的见解……通过它造就了整整一代杰出的军人。"^②《美国军事学说》的作者达尔·奥·史密斯将军写道："克劳塞维茨的理论虽然不是产生于美国，但是这种理论对美国的作战方法和政策都具有重要影响。"^③

对于我们所关注的主题而言，克劳塞维茨的如下观点更吸引我们的注意力：战争就是以暴制暴。战争的实质是使用暴力（武力）解决冲突。克劳塞维茨指出，仁慈的人力图寻找一种巧妙的方式，用最小的伤亡打垮敌人。对此他表现出不屑，他认为："不顾一切、不惜流血地使用暴力的一方，在对方不同样做的时候，就一定会取得优势！"^④这毕竟是十八九世纪的状况，世界基本上尚未走出丛林状态。处于丛林状态，就要遵守丛林法则，若不如此，结果就是被采用暴力手段的一方挫败，甚至消灭。克劳塞维茨所处的时代，还没有出现圣雄甘地式的非暴力不合作，而人们面对的敌人，也并不总是进入现代文明之后、确切地说是第二次世界大战结束后的英国。

战争是最大限度地使用暴力。导致战争极端使用暴力，至少有两个原因是不可以忽略的：本能的敌意和敌对的意图（Two motives lead

---

① 阿尔弗雷德·冯·施里芬（1833—1913），德国陆军元帅、德军总参谋长，曾经提出著名的"施里芬计划"。这套作战方法主要目标是为了应对来自德国东西部两个敌国——俄国与法国——的夹攻。施里芬计划是日后闪电战的雏形，也可以说，施里芬元帅也就是闪电战计划的初步提出者。"施里芬计划"的基本战略思想以三个字来概括就是"时间差"。

② 笔者对战争史没有研究，相关内容引自下述网址：http://warstudy.com/theory/theorist/clausewitz/index.xml，2022 年 3 月 1 日访问。

③ 相关内容引自下述网址：http://warstudy.com/theory/theorist/clausewitz/index.xml，2022 年 3 月 1 日访问。

④ ［德］卡尔·冯·克劳塞维茨：《战争论》，第一卷，第 3 页。

men to War: instinctive hostility and hostile intention）。[①] 按照克劳塞维茨的看法，敌对的意图是主要因素，战争是根据敌对的意图来定义的。"我们之所以选择敌对意图这个要素作为我们定义的标志，只是因为它带有普遍性。因为，甚至最野蛮的近乎本能的仇恨感，没有敌对意图也是无法想象的。而许多敌对意图，却一点也不带本能的敌意（instinctive hostility），至少不带强烈的本能的敌意。"[②] 在某种意义上可以说，敌对的意图是理智因素，本能的敌意是非理性因素。"战争既然是一种暴力行为，就肯定属于感情的范畴。哪怕战争不是感情引起的，总还与感情或多或少有关，而且取决于敌对的利害关系的大小和长短。"[③]

克劳塞维茨探讨了战争中三种极端的相互作用：

第一，"交战的每一方都使对方不得不像自己那样使用暴力。"[④] 用我们的话来说就是：以眼还眼，以牙还牙。克劳塞维茨认为，这种相互作用肯定会导致极端。

第二，由于战争的目的是解除敌人武装或者打垮敌人，"在我们没有打垮敌人以前，不能不担心会被敌人打垮"。[⑤] 对于这种可能性的忧虑，使交战双方都像敌人那样行动。这便造成第二种极端。

第三，根据敌人的抵抗力来决定应当使用多大兵力。确定兵力使

---

① 中译本将"instinctive hostility and hostile intention"译作"敌对的意图和敌对的情感"。如果按照英文直译，应当是"本能的敌意和敌对的意图"。

② ［德］卡尔·冯·克劳塞维茨：《战争论》，第一卷，第4页。

③ 同上书，第5页。

④ 同上。

⑤ 同上书，第6页。

用规模有两个参数："现有手段的多寡和意志力的强弱。"[①] 按照克劳塞维茨的看法，现有手段的多少是能够确定的，有数量可依。"但是意志力的强弱却很难确定，只能根据战争的强弱做大略的估计。"[②] 交战双方根据这种估计来决定使用多大力量，以形成优势。这第三种相互作用，同样会导致极端使用武力。

战争既然是极端暴力，那么是否有正义可言？尽管有诸多争论，但是国际社会还是在战争问题上形成了共识：战争是政治的延续，在有些情况下是不可避免的。既然如此，什么是正义战争，什么是非正义战争，就成了战争伦理学所关注的问题。

笔者之所以用较大的篇幅探讨正义战争理论，主要是为战争和军事机器人的伦理学问题作一个理论铺垫。事实上，如果对战争（军事）机器人提出伦理学问题，可参照的蓝本，首选正义战争理论。正如施皮罗斯·G. 查夫斯塔所说："现在或未来的机器人大多用于服务、治疗和教育，引发了不少的伦理问题，它们更直接地关系到军事机器人，特别是战争／致命机器人。尽管完全自主的机器人尚未在战场使用，但是，在战争中使用致命机器人参与战斗，其利益和风险至关重要。"[③] 假设近代战争遵循正义战争原则，开战正当性原则、战时正当性原则以及战后正当性原则，都应该得到尊重，但是，在战争中使用半自主／自主性机器人时，仍然要增补新的法规，并且需要特殊的考量。

---

① ［德］卡尔·冯·克劳塞维茨：《战争论》，第一卷，第 6 页。

② 同上。

③ Spyros G. Tzafestas, *Roboethics: A Navigating Overview*, p.146.

五、军事机器人及其伦理学问题

通常说来，军事机器人活跃于地缘政治的敏感地区。自主的战争机器人包括导弹、无人战机、无人陆车、无人水下运行器等。《机器人伦理学导引》作者指出："军事机器人（Military Robots）目前受到政治家的广泛关注，他们将巨额资金投入相关研究。关于军事机器人的伦理学，特别是致命自主机器人武器，处于机器人伦理学的核心地位。围绕现代战争是否允许使用它们，存在激烈的争论。其争论的激烈程度超过其他技术系统……"[①]

不言而喻，军事机器人的使用，会对人类道德提出严重挑战。今天已有数千个军事机器人被用于阿富汗、伊拉克和叙利亚战场，不仅能够有效保护士兵的生命，而且能够精准杀伤敌人。这些机器人也可用于政府部门、商业机构、工厂企业和家庭的安全防护。然而，问题在于，在瞬息万变的战场，机器人如何正确应对其复杂局面？是否最终必须由人发出指令？如何实施？即便将交战法律和规则统统输入机器人程序中，并要求机器人严格执行，那么，实际上如何保障机器人的行为在任何情况下都更符合道德？这类问题还有许多，如：

如果机器人进驻一座建筑物，如何确保它不侵犯人类居住者？

进驻的机器人有权利吗？对机器人哨兵的伤害或毁坏是不是犯罪行为？

如果机器人在保护人质、抓捕罪犯的过程中损坏了财物，谁负责

---

① Spyros G. Tzafestas, *Roboethics: A Navigating Overview*, p.139.

赔偿?

运用日益精巧的自动机器人能够减少我方人员伤亡，这是否会降低参与战争的门槛?

军事机器人技术多长时间可为其他国家获取?这种扩散有什么后果?

交战法则是否过于模糊含混，以至于根本无法作为战争机器人伦理运用的依据?

军事机器人技术能否确保它们准确区分武装人员与普通平民?

机器人有无保险装置防止无意识运用?例如，能否防止敌人的黑客控制我方的机器人，利用它们攻击我方?

战争中使用自主机器人的情况与日俱增。在某种程度上可以说，战争机器人可以更快、更精准地完成作战任务，最大限度地避免士兵的牺牲。不过，反对使用自主战争机器人的声浪也不容忽视。简单说来，反对意见主要有三种：

• 不能为战争法编程。

• 让人离开战争区域本身就是错误的。

• 自主机器人武器降低了战争壁垒。

战争中使用机器人的伦理学问题，就其理论背景而言，是对于什么是战争、战争法和战争伦理学长达几千年的探讨。因为有这个长长的历史讨论的铺垫，当战争机器人出现时，人们才会讨论战争机器人伦理学问题以及相关的立法问题。机器人的战争不是游戏，而是真实的战争，受精密的机器、系统和方法指挥。因此，除了通常的战争伦理学问题之外，还有战争机器人专属的战争机器人伦理学。西方世界在这个方面的讨论已经有大量的著述，笔者在这里不再展开讨论，只想表述到目前为止学界提出的问题。

此外，在特殊环境执行专门任务的机器人，统称特种用途机器人，包括军事机器人、营救机器人、深海机器人、探月机器人，等等，也向人类提出相应的伦理学问题。人类在使用先进的机器人时，必须先行考虑与之相关的法律、伦理学问题。

六、机器人伦理学的文化间际问题

机器人伦理学文化间际问题的提出，有几个要素。第一，自 20 世纪 80 年代以来，特别是冷战结束以后，受亨廷顿《文明的冲突与世界秩序的重建》的影响，文化间际问题受到国际学术界及政要的关注。在不同的主题上探讨文化间际问题，既是一种时尚，也是情势所需。第二，机器人伦理学跨文化问题的提出，与机器人在不同国家的研发和广泛使用相关。第三，日本在研发机器人方面处于世界领先地位，这一领先地位吸引了西方学界的目光，因而西方世界格外关注日本文化与日本机器人伦理学问题。在探讨机器人伦理学的文化间际问题方面，西方世界主要关注日本。目前韩国机器人的发展势头也渐趋强劲，韩国文化和伦理学也进入他们的视野。这与日韩机器人研发和制造水平相关。

就目前情况而言，机器人伦理学展示的主要价值观是西方的。即便是日本的机器人伦理学，主要部分也是西方的。西方的机器人伦理学以西方世界的人道主义理念，特别是自启蒙运动以来的人道主义思想为基础。

"人是什么"——机器人伦理学形而上学的前提

我们已经说过，到目前为止，我们探讨的机器人伦理学，主要是西方世界对机器人伦理学的思考和探讨。目前西方世界在机器人研发方面遥遥领先，巨大的商业潜力、对社会和人的生活的影响，已经在西方世界显现或将要显现出来，这是导致西方世界率先思考机器人伦理学的主要推手。而且西方世界思维传统，历来是习惯于对于任何问题作形而上学的追问和考察。换句话说，就是质疑和反思。"一般说来，机器人研究范围的伦理学，其核心关注必定是：警示机器人（尤其是自主机器人）设计、实施和使用过程中产生的负面影响。这意味着，在现实生活中，机器人伦理学应该提供道德工具，驱使并鼓励社会和个人，防止滥用机器人的技术成果反对人类。立法机构应该提供**有效而正义的**法律工具，打击和制止这种滥用，同时，对机器人滥用以及人类玩忽职守造成的伤害追究责任。"[①] 尽管这是西方世界提出的机器人伦理学问题，不过，我们切不可以认为，这些问题只适用于西方世界。

事实上，只要把机器人用于医学（包括外科手术、其他治疗或康复）、日常生活、战争、安保等方面，人与自然、人与社会、人与人之间的伦理学问题就会出现。无疑，对于机器人伦理学问题的看法和解读，一定会有文化差异。但是，在机器人伦理学问题上，人们首先应该关注人类共同价值。也就是说，注重人类伦理首选的最大公约数。这个最大公约数，不仅是可能的，而且是必需的。原因很简单，

---

① Spyros G. Tzafestas, *Roboethics: A Navigating Overview*, p.2.

人类发明机器人，主要是为了造福人类。尽管这种发明涉及人与自然、人与社会等，但是核心是人。你可以将此指斥为"人类中心主义"。但是，实在想不出什么理由支持人类发明机器人是为了机器人本身，或者是为了其他什么。人就是出于人类自身的需要，才研制机器人。正因为如此，当我们思考机器人伦理学问题时，作为这种理论的支点，核心问题是"人是什么"。

"人是什么"的问题是康德关于"启蒙是什么"的核心问题。西方世界在探讨机器人伦理学问题时，依然秉持康德以降的启蒙思想。这个问题不是西方人的问题，而是人类的问题。这是全世界在解决机器人伦理学问题时，可能获得最大公约数的基础。机器人伦理学的跨文化问题，应该在这一前提下加以解决。

日本的机器人伦理学

事实上，最先提出机器人伦理学文化间际问题的学者是西方学者。他们越来越重视文化间际问题，在某种程度上可以说，是受亨廷顿《文明的冲突与世界秩序的重建》的影响。亨廷顿在书中指出，冷战后的世界，由八个主要文明构成。它们是：西方文明、儒家文明、日本文明、伊斯兰教文明、印度文明、斯拉夫—东正教文明、拉美文明和可能的非洲文明。世界格局将取决于八大文明的相互作用。"未来世界政治的轴心"，将是西方和非西方国家之间的冲突。当下，亨氏理论备受诟病，我们撇开东西方在政治、经济、制度等方面的差异以及当下的冲突不谈，仅限于机器人伦理学问题。

在西文图书论文资料库里搜索，我们看到，西方学者视野中不同文化的机器人伦理学，多与日本、韩国相关，零星地涉及中国。他们

对于日本人的机器人伦理学的关注，给人以深刻印象。更重要的是，日本学者在研发机器人的同时，也提出了日本文化视野中的机器人伦理学问题。

通常认为，日本人的机器人伦理学，受两种力量驱动：第一，日本本土文化和信仰，包括日本神道教和万物有灵论的伦理学。第二，受日本现代化进程和西方化驱动。日本的现代化就是全盘西化。西方的宪政制度、西方的科学技术、西方的价值观念等，在日本现代化进程中起决定性作用，因此，日本的机器人伦理学首先是西方化的。不过西方学者似乎更重视日本的机器人伦理学与西方的差异。

战后，除了经济和工业发展之外，日本的动漫影视创造出许多流行的机器人角色，它们被制成动画片在电影和电视里播放。如我们大家熟悉的《铁臂阿童木》，1952—1968 年在"光文社"的《少年》漫画杂志连载，该作品讲述了未来 21 世纪的少年机器人阿童木的故事。阿童木是拯救人类、对抗邪恶的英雄，代表一种"儿童科学"。该作品先后多次被改编为动画片，其中 1963 年第一版电视动画片，是日本第一部电视连续动画片。《铁臂阿童木》刚问世时，轰动了日本。这个聪明、勇敢、正义的小机器娃娃几乎是人见人爱。《哆啦 A 梦》是一部描述一个宠物机器人的漫画。该漫画叙述了一只来自 22 世纪的猫型机器人——哆啦 A 梦，受主人野比世修的托付，回到 20 世纪，借助从四维口袋里拿出来的各种未来道具，来帮助世修的高祖父——小学生野比大雄化解身边的种种困难问题，以及生活中和身边的小伙伴们发生的轻松、幽默、搞笑、感人的故事。这些作品确实仅仅是机器人科幻片，但不应该被忽略的事实是，科学幻想本身与科学发展和人的想象力密切相关。这至少是当下科学和人类创造力的一种折射。

离开科学幻想领域，放眼现实，当今日本的现实情况是，随着老年人口数量急剧增长，日本进入老龄社会。日本政府与研究机构和机器人学会（如 JARA：日本机器人协会）合作，研发并大范围地使用服务型机器人（家用机器人、医学／辅助设备机器人、社会化机器人，等等）。日本人所憧憬的机器人理想模式，是为了拯救人类而工作，因而，他们的设计理念呈现出机器人与人和谐共生的景象。在机器人快速发展的日本，文化及伦理问题伴随着机器人的发展被提出来。尽管日本人对于抽象的问题，并没有西方人的那种兴趣和传统。

在西方人看来，应用伦理学问题的讨论在日本似乎并不普遍。日本学者则认为，事实并非如此，西方人之所以这样看问题，是因为日本与西方的文化差异。日本学者北野菜穗（Kitano Naho）指出：日本"机器人的研究者并不试图纯粹地复制自然物和生命物。他们的目的不是用机器人替换（或取代）人，而是要创造一种新工具，目的是以任何可见的形式与人一道工作"。[①] 在西方，机器人伦理学会考虑如何把机器人用于人类社会。也许是受阿西莫夫影响，西方总是在担心，机器人和发达的技术也许会转而反对人类，或有悖于人的本质。在日本，任何一个发展阶段，机器人（日本称作 robotto）都被视为会带来益处的一种机器，几乎没有任何邪恶的本质。日本人着眼于通过人、自然与机器人之间的对话，来理解机器人如何与真实的世界相关联。

施皮罗斯·G. 查夫斯塔这样概括日本的机器人伦理学："日本的伦理学（Rinri）具有支配作用，将机器人纳入基于**万物有灵论**观点的

---

① 转引自 Spyros G. Tzafestas, *Roboethics: A Navigating Overview*, p. 162。

伦理学系统。在人们眼里，机器人与其物主具有同等身份，只要物主以恰当的方式对待它（或它的精神），机器人就必须尊重物主，以和谐的方式行事，总体上表现出道德的行为。实际上，只有当物主使用机器人时，它们才可能获得身份认同。"[①]日本人似乎没有阿西莫夫式的担忧，自己制造的机器人会转而反对自己，这种可能性，至少是当今日本机器人制造者没有考虑过的问题。由于他们相信万物有灵，所以他们习惯上认为，山川、河流、树木甚至石头都是有灵魂的。日本人是带着感情看待一切事物，对于人工制品和机器人，他们也持这种观点。进入他们生活的机器人仿佛是他们的家庭成员，服从他们，与他们和睦相处。这一相处方式，体现了设计者的文化理念：个人与社会不可分割，社会和谐高于个人的主体性。在日本文化里，机器人没有个人主义思想，他们会服从家庭、团体、忠于职守，不存在反抗人类的问题。可以说，日本与西方对于机器人伦理学的态度，源于各自的文化。

按照希马（Himma）的看法，"要界定文化间际伦理学的架构，可能而且必须依次经历两个不同阶段，即：

- 对各种文化的不同道德体系进行描述性分析（经验的考察结果）。
- 对这些道德体系以及相应的目的进行规范性分析，制定普遍的（或近乎普遍的）道德原则，应对与计算机技术／机器人学相关的伦理问题"。[②]

这两个步骤，目的是在不同文化之间，就机器人伦理学问题达成

---

① Spyros G. Tzafestas, *Roboethics: A Navigating Overview*, pp. 160-161.

② Ibid., p.166.

共识。这是一个困难的工作。就日本与西方价值体系而言，西方的机器人伦理学，基于西方人对"自主权"和"责任"的理解。而日本人很难理解西方式的自主权和责任。日本人对生活中的个人、用品和事件充满情感，表露出强烈的敏感性，"致使他们对'抽象的讨论'缺少兴趣，而是借助机器人以及 ICT（信息和计算机技术）直接表达情绪"。因此，在日本，机器人似乎总是"连带某种形象：

- Iyashi（治疗、平静）
- Kawai（聪明伶俐）
- Hukushimu（生机盎然）
- Nagyaka（和睦、文雅）
- kizutuku-kokoro（敏感的内心）"①

"这些形象与日本人的'**主体间际敏感性**'（intersubjective sensitivity）或'**情绪位置**'（emotional place）是不可分割的。换句话说，日本机器人与人的互动似乎沉浸在文化背景中，抽象概念和讨论无足轻重，更重要的是交流和互动，因为它们的基础是间接引发的情感和情绪。"② 因此，在许多学者看来，超越文化差异，在机器人伦理学方面达成共识，如果不是不可能，至少也是非常困难的。不过，随着机器人在世界范围内的使用越来越广泛，寻求不同文化间际共同的机器人伦理学，势在必行。更重要的是，在机器人使用方面，特别是为外科手术机器人、战争机器人等类型的机器人的研制和使用确立国际法则，也迫在眉睫。因为是否有相关的立法，是否有形成共识的机器人

---

① Spyros G. Tzafestas, *Roboethics: A Navigating Overview*, p.167.

② Ibid.

伦理学，事关人类自身的安全与和平。在这一问题上，过分强调文化差异是不明智的。

结　语

机器人学关注的核心问题是，如何使机器人造福人类，同时使人类得到应有的保护，不至于使机器人伤害人类（三大定律）。当谈论如何最大限度地减少机器人对人类的可能伤害时，人们自然以为，可以通过程序控制机器人服从我们的命令。然而难点在于，假如输入的程序有悖于道德，岂不酿成一场灾难？于是随之而来的问题是：我们应当给机器人输入什么样的道德指令？道德指令又如何在具体的环境下得以实现？科学技术能否保证机器人的行为应对不同的人际关系，遵守道德指令？如此等等。此外，机器人的使用还必然普遍触及法律、环境、心理等各个领域，会间接地引发许多人类伦理问题。如下是我们必须重视的问题：

- 有无为人类普遍认同的机器人道德指令？如果没有，有无设计制造自动杀人机器人的法律或道德风险？
- 机器人是不是纯粹的工具，如同计算机，始终受人控制？
- 机器人能否取代人的道德责任？例如，陪伴老人的机器人能否代替儿女尽孝？
- 研发用于其他目的的伴侣机器人，诸如酒伴侣、性伴侣等，有无道德问题？
- 根据什么将机器人看作"人"（person），赋予机器人以权利和义务，而不单纯将其看作工具性的"奴隶"？

· 我们对机器人有什么特殊的道德义务？

· 在什么程度上，机器人实施的技术监控成为需要司法许可的"调查"？

· 将机器人安置在掌握职权的岗位，诸如警察、保安、狱警、教师或其他政府职务，让人服从机器人，有无道德上的疑惧？

· 人类社会是否有依赖机器人的危险？是否会产生对机器人的情感依赖？倘若我们的情感为机器人所牵挂，是好是坏？

· 在人类伴侣和人际关系中，有什么不能为机器人所取代？

· 机器人工业将对环境产生什么影响？

· 我们是否可能面临广泛运用社会机器人的巨大变化？如果可能，根据什么原则预见其潜在危险？

在日常生活、政治、经济、医疗、军事方面使用机器人时，我们必须考虑这些问题。虽然这些问题目前也许还无解，但是，提出问题本身，就是走向答案的关键一步。

前　言

道德建立在普遍观念知识的基础上，因此，具有普遍性特征。vii

——柏拉图（Plato）

相对论适用于物理学，但不适用于伦理学。

——阿尔伯特·爱因斯坦（Albert Einstein）

    本书的目的是简要介绍**机器人伦理学**（robot ethics）领域的基本概念、原理和问题。机器人伦理学是应用伦理学的一个分支，当我们在社会中使用机器人而引发微妙的、严重的伦理问题时，它试图告诉我们，如何运用伦理学原理解决这些问题。伦理学起源于古典哲学，其分析的基础是确定什么是**对的**，什么是**错的**。希腊哲学家所倡导的生活模式，是以**人**为核心价值（"*valeur par excellence*"）。

    机器人学始终沿着这些路线发展，即机器人**为人类服务**。机器人学与人的生活直接相关；医用机器人学、助力机器人学、服务—社会化机器人学及军用机器人学，对人类生活都有强烈的冲击，也给我们的社会提出重要的伦理学问题。在**技术伦理学**（techno-ethics）和**机器伦理学**（machine ethics）领域，机器人伦理学正在引起越来越多的

关注，我们可以找到大量文献，它们涵盖从理论到实践提出的全部问题域。

本书陈述的深度和广度，足以使读者理解智能自主机器人（intelligent and autonomous robots）的设计者和使用者的伦理关怀，或许可以找到走出冲突和困境的途径。本书是一部教程，适用于本领域的入门者，包括一些概念性的、非技术的资料，涉及人工／机器智能、机器人世界（侧重于机器人的类型和运用）、心智（mental）机器人（除了认知，还拥有智能和自主能力、意识和良心等特征）等方面。

本书既可用作机器人伦理学辅助教程，也可以作为一般的信息资源。计划深入学习机器人伦理学的朋友，会发现本书是一个便利的、坚实的开端。

我衷心感谢国立雅典理工大学（National Technical University of Athens）通信与计算机系统研究所（ICCS, Institute of Communication and Computer Systems），它给予本书的计划以大力支持；我也十分感谢所有的同行，他们同意本书使用所需要的各类图片。在此谨呈谢意！

2015 年 2 月

施皮罗斯·G. 查夫斯塔

第 1 章

本书的初步概念及纲要 ①

凡正义和平等盛行之地，当有最好的生活方式。

——梭伦（Solon）　　1

道德教化的最佳方式，是让道德成为儿童的习惯。

——亚里士多德（Aristotle）

1.1　导论

　　机器人伦理学是机器人学的一个新领域，考察机器人对社会的积极或消极意涵。"roboethics"（机器人伦理学）是维汝吉奥 [1] 发明的新词，用作表述 "robot ethics"（机器人伦理学）。机器人伦理学是一种伦理学，旨在激励机器人的道德设计、发展和运用，尤其是智能／自主机器人。机器人伦理学提出的基本问题是：机器人的双重

　　① © Springer International Publishing Switzerland 2016

　　　S. G. Tzafestas, Roboethics, Intelligent Systems, Control and Automation:

　　　Science and Engineering 79, DOI 10.1007/978-3-319-21714-7_1.

使用（机器人可被正确使用，亦可被错误使用）、机器人的拟人化、人—机器人共生的人类化、缩小社会—技术差距、机器人技术对财富和权力公平分配的影响等[2]。根据《大不列颠百科全书》的界定："机器人指任何能够自动运作的机器，可以取代人力，尽管其外貌与人并不相像，或者，其功能的实施与人的方式并不相似。"吉尔（Gill）[3]试图探寻人与机器人之间的关联，他断言："从机械论出发，可以将人看作直接驱动（direct-drive）的机器人，人的许多肌肉，其作用就是直接驱动式发动机。然而，与科学幻想小说相矛盾，就结构而言，人远远优于机器人，因为人的肌肉和骨骼的密度低于钢或铜，而钢或铜则是机器人以及电动机主要的结构材料。"

本章的目的是：

· 初步探讨机器人伦理学的概念以及机器人的道德水平。

· 围绕机器人伦理学进行简要的文献述评。

· 划定本书范围，勾勒本书梗概。

1.2　机器人伦理学和机器人道德水平

2　　　　当今，关于机器人伦理学的文献十分丰富，涵盖与现代机器人设计和使用相关的机器人伦理学的理论与实践的全部问题域。机器人伦理学属于科技伦理学（techno-ethics），涉及一般意义上的技术伦理学，同时也属于机器伦理学（machine ethics），它将计算机伦理学扩展，以解决设计和使用智能机器时遇到的伦理问题[4, 5]。尤其需要指出，**机器人伦理学**的目的是联系社会中机器人的创造和使用，发展科学的、技术的、社会的伦理学体系和规范。今天，计算机科学和机器人学的尖端研究，努力设计**自主性**（autonomy），即机器和机器人所要求的一种能力，能够使它们自主地执行类似人的（human-like）智能任务。当然，这一语境下的自主性应该精确界定，因为它很可能产生误导。一般说来，"自主性指一个人按照自身理由和动机（并非外力所致）生活的能力"。[6]

机器和机器人的自主性，其运用应该比人的（打个比方）更狭义。尤其需要指出，机器 / 机器人的自主性不可能给出绝对定义，只能相对于特定的目标和任务加以界定。当然，我们经常遇到这种情况，人类设计者和操作者事先不知道机器 / 机器人运作的结果。但是，这并不意味着机器 / 机器人是（完全）自主的、独立的行为者（agent），能够自己决定做什么。实际上，**"自主性"**可以分为若干层次[7]，机器和机器人只能被视为部分自主的行为者。同理，关于**"伦理学"**（ethics）问题，我们也有若干个"道德"（morality）水平，正如第 5.4 节所描述的，即[8]：

- 操作的道德（Operational morality）
- 功能的道德（Functional morality）
- 完整的道德（Full morality）

实际上，相当精确地描述一种伦理学，以便为机器人编程并将其嵌入机器人，即便并非不可能，也是十分困难的。不过，倘若给予机器人更多的自主性，那么机器人就会被要求更多的道德（伦理敏感性）。

一般说来，机器人研究范围的伦理学，其核心关注必定是：警示机器人（尤其是自主机器人）设计、实施和使用过程中产生的负

面影响。这意味着，在现实生活中，机器人伦理学应该提供道德工具，驱使并鼓励社会和个人，防止滥用机器人的技术成果反对人类。立法机构应该提供**有效而正义的**法律工具，打击和制止这种滥用，同时，对机器人滥用以及人类玩忽职守造成的伤害追究责任。

1.3　文献述评

我们首先简要勾勒《国际信息伦理学评论》（*International Review of Information Ethics,* Vol. 6, December 2006）富有创意的特刊 **"机器人学中的伦理学"**（Ethics in Robotics）。这辑特刊由 E. **卡普罗**（E. Capurro）主编，包含 13 篇论文，均出自机器人伦理学领域杰出的研究者，涵盖广泛的基本论题。

G. **维鲁乔**（G.Veruggio）和 F. **奥贝托**（F. Operto）提出了所谓的 "机器人学路线图"（Robotics Roadmap），这是科学家们跨文化、跨学科讨论的结果，目的是监控当前机器人技术对社会产生的影响。

P. M. **阿萨罗**（P. M. Asaro）关注的问题是 "我们想从机器人伦理学中得到什么"，并论证：探讨机器人伦理学的最佳途径是阐明伦理学如何嵌入机器人，即机器人的设计者和应用者的伦理学，以及机器人运用中的伦理学。

A. S. **达夫**（A. S. Duff）遵循新罗尔斯主义（neo-Rawlsian）[①] 的方

---

① 原文为 the neo-Pawisian，有误，应为 the neo-Rawlsian，见 Alistair S. Duff: "Neo-Rawlsian Co-ordinates: Notes on A Theory of Justice for the Information Age", *International Review of Information Ethics,* Vol. 6 (12/2006)。——译者注

式讨论信息化时代的正义问题，发展信息社会的规范理论。所考察的内容包括政治哲学、社会和技术问题、权利优先于善、社会福祉与政治稳定等方面。

J. P. 萨林斯（J. P. Sullins）考察了机器人成为道德行为者的条件，并主张，评估机器人道德状况必须回答以下几个问题：（1）机器人有明显的自主性吗？（2）机器人的行动是故意的吗？（3）机器人能够承担责任吗？

B. R. 迪菲（B. R. Duffy）联系社交机器人的处境，探究人与机器人的基本差异，讨论关于如何解决它们在理解上的争端。

B. 贝克尔（B. Becker）讨论如何构建具身化的对话行为者（机器人及替身），以促进人机交流。她认为，这一构建的目的在于为认知和交往提供新的视野，其根据是人工智能产品的创造，以及一种"观念"（idea）——这种机器类似人类的对话，将有益于人—机器人的互动。这一观点的现实合理性，被当作一个议题提出。

D. 马里诺（D. Marino）和 **G. 坦布瑞尼**（G. Tamburini）考察了道德责任和责任认证问题，其根据是：机器人的行为是经验习得的结果，人们对它们的预测和解释会有认知的局限性。二人辩称，机器人专家不可能完全免责，这仅仅是因为他们没有完全控制机器人行为中隐含的因果链条。二人建议运用法律原则，以填充某些作者承认的人与机器人的责任之间存在的责任"缺口"（即机器人的自主性越大，人类的责任就越小）。

C. K. M. 格鲁岑（C. K. M. Grutzen）探讨了"环境智能"（AmI，

ambient intelligence）① 中未来日常生活的愿景。他设想，智能技术将会
消逝于我们的环境中，以便给人提供舒适而愉悦的生活。他声称，若
要研究人类是否有危险——沦为人工智能的对象——就应该考察环境
智能在心理、物理和方法方面的不可见性与可见性之间的关系。

4　　S. 克雷布斯（S. Krebs）探讨"漫画"（comics）和"动画"（animes）
如何对日本在对机器人的看法和文化理解上产生影响。这种影响包括
种群文化与日本机器人之间的互动。他借用动漫形象阿童木（Astro
boy），考察日本漫画中机器人与人类之间发生的伦理冲突。

　　M. 克莱林（M. Kraehling）研究索尼的机器狗爱宝（Aibo）如何
挑战人类对其他生命形式的解释，如何坚守友谊概念。他主张，在类
狗的机器人领域，必须考察人类对狗的认知的伦理学问题，爱宝本身
并不属于一个先定的种类。实际上，它属于一个中间地带（intermediate
space），即并不生活在真实的机械世界，亦不生活在动物世界。

　　北野莱穗（N. Kitano）探讨社交机器人在日本深受大众欢迎的心
理动机。她考察了这类机器人对人际关系的影响、日本人的习俗以及
心理学。首先，描述日本的社会境况，阐明"Rinri"（伦理学、社会
责任）一词的含义。然后，澄清日本"万物有灵论"（Animism）的意义，
进而理解"Rinri"被视为日本社会机器人的动因。

　　M. A. 佩雷斯·阿瓦雷斯（M.A. Pérez Alvarez）讨论教育经验如何
进入课堂。对于儿童和青少年智力的发展，课堂教育是必需的。他指

---

　　① 在计算机使用方面，环境智能（AmI）涉及电子环境，即对某些人的在场敏感，
并作出反应。环境智能是消费者对电子产品、通信行业和计算机信息处理技术的一种愿景，
它们在 20 世纪 90 年代后期由 Eli Zelkha 发展起来，他的团队在 2010—2020 年为 Palo Alto
Ventures 效力。参见"维基百科"——译者

出，**乐高型心灵风暴**（LEGO-type Mind Storm）的"装备和编程"过程，可以提高年轻人的活体经验，有助于智力的发展，为课堂提供了一个有益的教育过程。

D. 索夫勒（D. Söffler）和 **J. 韦伯**（J. Weber）讨论这样一个问题：一个自主机器人，若设计成以拟人的方式进行交流和决策，那它是否仍然是一部机器？他们还讨论了这类机器人所依存的概念、观念和价值，同时考察了它们与日常生活的关联方式，以及社会需求能将这类机器的发展推至多远。"人—机器人（human-robot）关系是否变化"的问题，是凭借电子邮件对话的形式展开的，涉及伦理学、社会政治层面，特别是私生活方面。

上述作品讨论的一些概念和结果，本书将进一步探讨。现在，我们继续评述机器人伦理学领域其他几部重要作品。

瓦拉赫（Wallach）和**艾伦**（Allen）[8] 思考了这一问题："机器能否成为伤害的真正原因？"他们论证并且断言，答案是肯定的。他们预言，若干年后，"计算机系统将独立于人的监管进行决策，导致灾难性的事件"。他们深入考察了我们目前的处境，借以说明机器道德的必要性，并断言机器道德是可能的。

卡普罗（Capurro）[10] 重述了他的一些研究要点，涉及人与机器人关系的认识论、本体论、精神分析等方面的内涵，并讨论了人—机互动的伦理学问题。他认为，人—机器人关系可以看作一种嫉妒关系，要么，人嫉妒机器人，因为它们是机器人；要么，人嫉妒其他人，因为他们拥有自己没有的机器人。关于人—机互动的伦理学，需要解决 5 如下问题：

• 我们在技术的环境中如何生活？

· 机器人对社会产生什么影响？

· 我们（作为用户）如何操纵机器人？今天，我们使用什么方法和手段模拟人与机器之间的互动？

林（Lin）、**阿布尼**（Abney）、**贝基**（Bekey）[11] 组织了来自科学和人文学科的多名杰出研究者和专家，研究以下几个问题：（1）即使有这种可能，机器人是否就应该被程序控制，遵循伦理准则？（2）社会和伦理学如何可能随着机器人而发生改变？（3）发展与机器人的情感纽带有风险吗？（4）应当赋予机器人（无论生物与计算机的混合体，还是纯粹的机器）以权利或道德的考量吗？伦理学似乎跟不上技术的进步，姗姗来迟，因此，本书作者的意见对"机器人伦理学"的发展十分有益。

费达基（Fedaghi）[12] 提出一个伦理范畴分类图式，简化了在复杂情境中，判定机器人哪个行为最合乎道德的过程。运用这一图式，可以分解并重述阿西莫夫的机器人定律，以支持逻辑推理。这种方法与所谓的程序伦理学相一致。

鲍尔斯（Powers）[13] 提出一个基于规则的（rule-based）机器人伦理学体系。该体系基于一个假设，即可以将康德的意识形态的 / 义务论的（ideological/deontological）伦理学规范简化为一系列基本规则，使机器人能够面对新的环境，借以产生新的、合适的伦理规则。康德的伦理学认为，道德行为者（moral agents）既是理性的，也是自由的。但是，正如许多作者主张的，将伦理规则嵌入机器人行为体，自然限制其思想和推理的自由。

柴田（Shibata）、**吉田**（Yoshida）和**大和**（Yamato）[14] 讨论了如何使用机器人宠物，通过一定程度的陪伴交谊为老年人治疗的问题。

他们讨论的一个经典范例是海豹机器人**帕罗**（Paro）。帕罗的使用已经扩展到世界范围，成为儿科和老年科治疗过程的一部分。[15]

阿尔金（Arkin）[16] 概述了三个现实领域面对的伦理学问题，三个领域包括：有致命行为的自主机器人、娱乐机器人，以及由于机器人导致的失业。他认为，在第一个现实领域（即自主机器人的致命性），机器人必须严格遵守国际战争法和交战规则。为了确保这一点，应该熟知**正义战争**理论，发展和划定各种方法，以便区分战斗员与非战斗员。关于第二个领域（个人机器人），他指出，必须深入理解机器人的功能与人的心理，探索能否实现机器人专家期许的目标，成功引发愉悦的心理状态。第三个领域考察自工业机器人（造船业及其他制造业）投入使用之后，社会关注的机器人与失业问题。他论证说，因为触及产业工人 / 制造商的关怀以及个体工人的权利，所以，应当特别关注功利主义与义务论道德方法之间的冲突。

胡顿宁（Huttunen）[17] 及其同事，从法律的视角透视担负责任的机器人。他们的工作并非聚焦于伦理学考量，而是专注于智能机器固有的犯错倾向，聚焦于法律上的责任风险。他们提出的解决方案将法律与经济结合起来。为了克服创造功能完美的机器的困难和关于智能机器与人机互动的固有认知，他们发展了一种新的法律方式（一种解放机器的金融工具）。凭借这种方式，可以将机器本身从制造商、所有者和操作者手中解放出来，使之成为一部终极机器（ultimate machine）。

墨菲（Murphy）和**伍兹**（Woods）[18] 重新解释阿西莫夫的机器人定律（他们认为这些定律是机器人的中枢），以至于让机器人的研究者和实践者想起他们应当承担的职业责任。阿西莫夫定律在 2.1 节 [8]

6

所说的道德图式中占有一席之地，它认为机器人具有功能性道德，即机器人具有充分的行动力和认知力进行道德决策。其他可供选择的法则比阿西莫夫定律更便于实施，适合当下的技术水平，不过，它们也提出新的问题，需要研究（参见第 5.3 节）。

戴克（Decker）[19] 依据跨学科技术评价标准，提出在特定的活动范围内，机器人能否置换人的问题。他采用"手段—目的"（means-end）方法，探讨以下几类取代方式：（1）技术置换；（2）经济置换；（3）法律置换；（4）伦理置换。他假设，作为研究对象的机器人具有高超的现代学习能力。至于自主性水平，在如下几个层面上使用：（1）第一层面（技术的）自主性；（2）第二层面（个人的）自主性；（3）第三层面（理想的）自主性。研究得出结论：从康德伦理学的视角出发，机器人学习应该归于机器人所有者的责任。

利科奇（Lichocki）、**小卡恩**（Kahn Jr）和**比亚尔**（Billard）[20] 提供一个综合考察，涉及大量与机器人相关的基础伦理学问题。首先，他们讨论"当机器人造成伤害时，谁应该负责，承担什么责任"的问题。然后，讨论了专门用于战场的致命机器人（lethal robot），以及服务机器人身上所存在的伦理学问题。在所有情况下，研究者一致认为，他们需要的机器人是为了营造更好的世界。分歧在于：如何实现这一点？有些人想把道德规则嵌入（而且现实地嵌入）机器人的控制器，另一些人则持反对意见，断称，机器人本身不可能成为道德行为主体。还有些人探讨如何运用机器人帮助孤独症儿童，或者协助老年人。研究中涉及的问题十分广泛，从哲学问题一直扩展到心理学问题和法律问题。

关于致命机器人伦理学，有两部综合性著作 [21, 22] 以及一部著作的三个重要章节[23-25]，讨论自主学习和人形机器人系统等相关论题。一些著作讨论计算机和机器人伦理学[26-28]，近期有三部著作探讨机器、信息和机器人伦理学问题[29-31]。

D. G. 约翰逊[26]结合哲学、法律以及技术，对于广泛使用计算机技术的伦理内涵，进行了深入的探讨和分析。埃尔加[27]考察了计算机/机器道德的广阔领域，包括一些重要论题，诸如隐私、软件保护、人工智能、工作空间，以及虚拟现实等问题。M. 安德森和利·安德森主编的书[28]是包含 31 篇精选论文的文集，作者都是机器伦理学领域的优秀研究者。R. 卡普罗和 M. 纳根伯格[29]考察的伦理学视角，指人与机器人互动时所拥有的视角，包括康复护理和战争机器人应用，以及人-机器人协作的道德问题。最后，冈德尔[30]讨论了机器道德的行为主体问题，即一部机器能否为决策和行为承担道德责任；同时他还研究了机器能否作为一个道德病患，合理地接受道德考察的问题。

1.4 本书梗概

我们已经看到，机器人伦理学的关注点在于，对具有一定程度自主性的机器人的设计和使用引发的伦理学问题进行考察和分析。这种自主性是通过运用机器人的操纵装置和人工智能技术获得的。因此，如图 1.1 所示，**机器人伦理学（RE）以三个领域的要素为基础，即伦理学（E）、机器人学（R）和人工智能（AI）**。

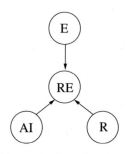

图 1.1 机器人伦理学（RE）及其三个相关领域：
伦理学（E）、机器人学（R）、人工智能（AI）

在实践中，机器人伦理学用于以下子领域，它们涵盖了现代社会的各类活动和应用（如图 1.2 所示）：

· 医用机器人伦理学

· 助力机器人伦理学

· 服务／社会化机器人伦理学

· 战争机器人伦理学

包括本章在内，全书共计 12 章，内容以上述要素为基础（如图 1.1 和图 1.2 所示）。第 2—5 章，提供背景资料，涉及一般的伦理学、人工智能、机器人学和机器人伦理学领域。第 6—9 章，阐述医用机器人、助力机器人、社会化机器人以及战争机器人伦理学。第 10 章概述日本人构想的机器人伦理学，探讨机器人伦理学和信息伦理学的一些文化间际问题。第 11 章，讨论机器人伦理学三个更深层次的问题，即自动(无人驾驶)汽车、电子人(cyborgs)、隐私机器人伦理学(privacy roboethics)。最后，第 12 章，对心智机器人（mental robots）及其能力作一个简短评论。

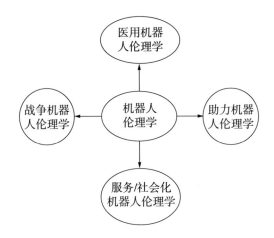

图 1.2 机器人伦理学的四个主要领域

机器人学最经典的教科书，对于工业机器人的社会和伦理影响等论题有充分的讨论（例如，亨特和格罗弗等人的相关讨论[32、33]）。工业机器人关涉人类个体和社会的核心问题是：

训练和教育　我们仍然需要受过良好教育的机器人专家和操作者。社会上的大多数人，或者不相信机器人，或者过分相信它。这都不好。因此，应该用一种切实可靠的方式，让人们了解先进机器人潜在的能力和风险。

失业率　这是二三十年前人们讨论的最重要的话题，不过现在，由于不断产生许多新的工作岗位，已经达成了一种可接受的平衡状态。

工作条件的质量　将机器人用于所谓的"3D"工作，即"肮脏的（Dirty）、危险的（Dangerous）、枯燥的（Dull）"工作，使人们的工作条件得到改善。长期以来，生产率的提高缩短了工作时长，使时间安排更加灵活、员工受益。

　　机器人学家对于失业的伦理方面，应该持续关注。机器人和自动化工程师承担着伦理责任，应当尽可能运用他们的影响力，寻求社会支持，援助那些潜在的失业者。至于工作条件的质量，工程师的伦理责任是研发最有效的安全系统，在所有使用机器人的环境中，特别是机器人与人体有直接的接触时，保护人类。本书梗概如下：

9　　第2章"伦理学：基本原理"，阐述伦理学和应用伦理学的基本概念与理论。讨论伦理学的各个分支，即元伦理学（meta-ethics）、规范伦理学（normative ethics）、应用伦理学。尤其考察下列伦理学理论：美德理论（**亚里士多德**）、义务论（**康德**）、功利主义理论（**密尔**）、正义即公平理论（**罗尔斯**）、利己主义理论、基于价值的理论、基于实例的理论（case-based，决疑法 casuistry）。最后，本章以讨论职业伦理学结束。

　　第3章"人工智能"，勾勒人工智能的核心概念及其问题，即人类智能与人工智能之间的差异、图灵（Turing）智能测试、应用人工智能的方法，以及人机互动／交流等论题。

　　第4章"机器人世界"，漫游机器人世界，说明机器人的类型，其依据是机器人的动力结构和运动方式，以及赋予机器人智能能力的人工智能工具。然后，讨论机器人的应用（医学、社会、太空、军事）。与之相关的伦理学问题，将在第6—10章讨论。

　　第5章"机器人伦理学：应用伦理学的分支"，概述机器人伦理学的一些初步问题，讨论"自上而下"（义务论的、后果论的）方法论，以及"自下而上"（基于学习）进入机器人伦理学的进路。然后，阐述人—机器人共生关系，讨论"机器人的权利"问题。

　　第6章"医用机器人伦理学"，关注医用机器人的伦理学，是机器人伦理学最基本的子领域，对人类生活有直接的积极影响。本章开篇简短讨论医学伦理学（总论）。然后，勾勒机器人外科手术的基本技术面及其特殊的伦理学问题。

第7章"助力机器人伦理学"，首先讨论作为背景的各种助力设计；其次，概述助力机器人的基本伦理原则和指导方针，包括两个康复和助力技术社团的伦理准则。

第8章"社会化机器人伦理学"，涵盖服务型机器人，重点是社会化机器人。尤其通过大量实例，阐明社会化机器人的各种定义。然后，讨论社会化机器人基本的伦理学问题，评述儿童—机器人和老人—机器人在治疗/社会互动方面的三个案例研究。

第9章"战争机器人伦理学"，考察战争中运用机器人的伦理学，尤其是运用自主致命机器人的伦理学问题。开篇提供基本资料，表明有关战争的一般伦理法则，最后展示一些反对自主战争机器人的论证，以及一些反证。

第10章"日本的机器人伦理学、文化间际问题和立法问题"，阐述机器人在日本传统伦理学视角下的基本面貌。开篇简短概述日本本土文化和伦理学。然后，以共享规范和共享价值为基础，讨论信息伦理学/机器人伦理学的一些文化间际问题。最后，概述东方与西方关于机器人的立法问题。

第11章"机器人伦理学补充问题"，讨论设计和使用自动（自动驾驶、无人驾驶）汽车、电子人（控制论生物体）引发的道德关怀，以及现代机器人的"隐私"伦理问题。自动汽车的机器人伦理学类似于外科手术机器人伦理学，而且，在造成伤害的情况下，具有相似的伦理/法律责任。电子人技术主要用于医学领域（恢复性和增强性电

10

子人）。关于隐私，本章给予重点关注，倘若社交机器人配备若干个精致的传感器，如何可能以新的方式影响用户的个人隐私。

第 12 章"心智机器人"，补充了第 3、4 章的材料，从概念上研究"心智机器人"及其"类脑"（brain-like）能力，即认知、智能、自主、意识、良知 / 道德，讨论学习和注意力更加专门化过程的特征。

总而言之，本书将描述机器人伦理学这一新领域的现状，包括最基本的概念、问题和争论，提供一幅全方位的图景。这个领域目前处于发展初期，机器伦理学方面的持续探索与人工智能的进步并行发展，相信会有更多的成果。

参考文献

[1] Veruggio G (2005) The birth of roboethics. In: Proceedings of IEEE international-al conference on robotics and automation (ICRA 2005): workshop on robo-ethics, Barcelona, pp 1–4

[2] Veruggio G, Operto F, Roboethics: a bottom-up interdisciplinary discourse in the field of applied ethics in robotics. Int Rev Inf Ethics (IRIE), 6(12):6.2–6.8

[3] Gill LD (2005) Axiomatic design and fabrication of composite structures. Oxford University Press, Oxford

[4] Allen C, Wallach W, Smit I (2006) Why machine ethics? IEEE Intell Syst 21(4):12–17

[5] Hall J (2000) Ethics for machines. In: Anderson M, Leigh Anderson S (eds) Machine ethics. Cambridge University Press, Cambridge, pp 28–46

[6] Christian J (2003) Autonomy in moral and political philosophy. In: Zalta EN (ed)

The Stanford encyclopedia of philosophy, Fall 2003 edn. http://plato.stanford.
edu/archives/fall2003/entries/autonomy-moral/

[7] Amigoni F, Schiaffonati V (2005) Machine ethics and human ethics: a critical
view. AI and Robotics Lab., DEI, Politecnico Milano, Milano, Italy

[8] Wallach W, Allen C (2009) Moral machines: teaching robots right from wrong.
Oxford University Press, Oxford

[9] Veruggio G (2006) The EURON roboethics roadmap. In: Proceedings of 6th
IEEE-RAS international conference on humanoid robots, Genova, Italy, 4–6
Dec 2006, pp 612–617

[10] Capurro R (2009) Ethics and robotics. In: Proceedings of workshop "L'uomo
e la macchina", University of Pisa, Pisa, 17–18 May 2007. Also published
in Capurro R, Nagenborg M(eds) Ethics and robotics. Akademische
Verlagsgesellschaft, Heidelberg, pp 117–123

[11] Lin P, Abney K, Bekey G (eds) (2012) Robot ethics: the ethical and social
implications of robotics. MIT Press, Cambridge, MA

[12] Al-Fedaghi SS (2008) Typification-based ethics for artificial agents. In:
Proceedings of 2nd IEEE international conference on digital ecosystems and
technologies (DEST), Phitsanulok,Thailand, 26–28 Feb 2008, pp 482–491

[13] Powers TM (2006) Prospects for a Kantian machine. IEEE Intell Syst
21(4):46–51

[14] Shibata T, Yoshida M, Yamato J (1997) Artificial emotional creature for human
machine interaction. In: Proceedings of 1997 IEEE international conference on
systems, man, and cybernetics, vol 3, pp 2269–2274

[15] Wada K, Shibata T, Musha T, Kimura S (2008) Robot therapy for elders
effected by dementia.IEEE Engineering in Medicine and Biology 27(4):53–60

[16] Arkin R (2008) On the ethical quandaries of a practicing roboticist: a first-hand

11

look. In: Briggle A, Waelbers K, Brey P (eds) Current issues in computing and philosophy, vol 175, Frontiers in artificial intelligence and applications, Ch. 5, IOS Press, Amsterdam

[17] Hurttunen A, Kulovesi J, Brace W, Kantola V (2010) Liberating intelligent machines with financial instruments. Nord J Commer Law 2:2010

[18] Murphy RR, Woods DD (2009) Beyond asimov: the three laws of responsible robotics. In:IEEE intelligent systems, Issue 14–20 July/Aug 2009

[19] Decker M (2007) Can humans be replaced by autonomous robots? Ethical reflections in the framework of an interdisciplinary technology assessment. In: IEEE robotics and automation conference (ICRA-07), Italy, 10–14 Apr 2007

[20] Lichocki P, Billard A, Kahn PH Jr (2011) The ethical landscape of robotics. IEEE Robot Autom Mag 18(1):39–50

[21] Arkin RC (2009) Governing lethal behavior in autonomous robots. Chapman Hall/CRC, New York

[22] Epstein RG (1996) The case of the killer robot: Stories about the professional, ethical and societal dimensions of computing. John Wiley, New York

[23] Kahn A, Umar F (1995) The ethics of autonomous learning system. In: Ford KM, Glymour C, Hayes PJ (eds) Android epistemology. The MIT Press, Cambridge, MA

[24] Nadeau JE (1995) Only android can be ethical. In: Ford KM, Glymour C, Hayes PJ(eds) Android epistemology. The MIT Press, Cambridge, MA

[25] Minsky M (1995) Alienable rights. In: Ford K, Glymour C, Hayes PJ (eds) Android epistemology. The MIT Press, Cambridge, MA

[26] Johnson DG (2009) Computer ethics. Pearson, London

[27] Elgar SL (2002) Morality and machines: perspectives on computer ethics. Jones & Bartlett, Burlington, MA

[28] Anderson M, Leigh Anderson S (eds) (2011) Machine ethics. Cambridge University Press, Cambridge, UK

[29] Capurro R, Nagenborg M (2009) Ethics and robotics. IOS Press, Amsterdam

[30] Gundel DJ (2012) The machine question: critical perspectives on AI, robots and ethics.The MIT Press, Cambridge, MA

[31] Dekker M, Guttman M (eds) (2012) Robo-and-information ethics: some fundamentals. LIT Verlag, Muenster

[32] Hunt VD (1983) Industrial robotics handbook. Industrial Press, Inc., New York

[33] Groover MP, Weiss M, Nagel RW, Odrey NG (1986) Industrial robotics: technology, programming and applications. McGraw-Hill, New York

第 2 章

伦理学：基本原理 [①]

伦理学试图认识："你有权利做什么"与"做什么是正当的"之间有什么差异。

——波特·斯图尔特（Potter Stewart）

关于社会后果的评估，我相信，每个研究者都责无旁贷，应该努力向他人提供信息，说明他试图研发的产品可能造成什么社会后果。

——赫伯特·西蒙（Herbert Simon）

2.1 导论

伦理学研究道德信念并为其辩护。它是哲学的一个分支，考察什么是**正确的**，什么是**错误的**。**伦理学**（*Ethics*）与**道德**（*More*）被人看

① © Springer International Publishing Switzerland 2016
S.G. Tzafestas, Roboethics, Intelligent Systems, Control and Automation:
Science and Engineering 79, DOI 10.1007/978-3-319-21714-7_2

作完全相同的概念，其实不然。**伦理学**一词源于希腊文 ηθος（ethos），意味着**道德品格**（*moral character*）。**道德性**（*morality*）一词源于拉丁文 *mos*，意味着**习惯**（*custom*）或**习俗**（*manner*）。"道德性"是从道德（morals）衍生出来的，后者指社会规则或来自社会的抑制。现在，在某种情况下刚好相反，即伦理学是一门科学，道德则指称人的行为或品格。**品格**是关于"什么构成道德性"的**内驱动**（inner-driven）观点，**行为**（conduct）则是**外驱动**（outer-driven）观点。哲学家认为伦理学是道德哲学，道德是社会信念。因此，一些社会道德很可能并非伦理的，因为它们仅代表多数人的信念。[1-3] 然而，有哲学家主张，伦理学具有某种相对主义的性质：凡正当的均由多数人的信念所决定。例如，在古希腊，亚里士多德的伦理学观点主张，"伦理规则始终应当根据传统以及社会所接受的意见加以理解"。

有一些心理学家，例如劳伦斯·科尔伯格（Lawrence Kohlberg），主张道德行为是由道德推理驱动的，其基础是个人在判断中运用的原则和方法。另一些心理学家则将伦理的行为看作人的心理运动。例如，"**自我的现实化**"（self-actualization）是人的最高需求，可满足他（她）的潜能；要决定"什么是正确的，什么是错误的"，人们可以由此出发。还有一些心理学家研究一种**进化心理学**（evolutionary psychology），其基础是假设，伦理行为常常可以看作一种进化过程。例如，对家庭成员的利他行为提升了他（她）的包容适应性。

本章目标是展现一般伦理学的基本概念和问题。特别是：

- 讨论分析哲学伦理学的各个分支
- 考察伦理学的主要理论
- 讨论职业伦理学问题，展示工程师、电子电气工程师、机器人

14

工程师的伦理学规范

2.2 伦理学分支

在分析哲学中，伦理学划分为以下几个层次：

· 元伦理学

· 规范伦理学

· 应用伦理学

2.2.1 元伦理学

元伦理学是哲学的一个基本分支，考察一般道德的性质，以及如何为道德判断辩护。元伦理学研究以下三个问题：

· 伦理的要求是**有真值的**（true-apt，即可能是真的，也可能是假的）吗？或者，例如，它们只是情感要求？

· 如果它们是**有真值的**，那么它们永远是真的吗？倘若如此，它们所表象的事实的性质是什么？

· 如果有道德的真，那么，什么使其为真？它们是绝对的真，抑或始终相对于某一个人、某个社会或文化？

若有更多真理，寻找"什么使其为真"的一种方式是运用**价值体系**（value system）；问题在于：是否具有能够被人发现的价值？古希腊哲学家，例如**苏格拉底**和**柏拉图**，或将回答"**是**"（他们二人都相信，善绝对存在），尽管关于"什么是善"，两人观点不尽相同。有一种冠以"**道德反实在论**"（moral anti-realism）的观点，主张根本不存

在什么伦理之真。近代经验主义者**休谟**坚信，道德表达是情绪或情感
的表达。实际上，一个社会的价值体系是由伟大的个体（作家、诗
人、艺术家、领袖等等）创立的，或者，或隐或显地源于一系列**道德
的绝对真理**，例如宗教的道德准则。

2.2.2　规范伦理学

规范伦理学（Normative Ethics）研究"我们应当如何生活和行为"
的问题，研究善良生活的规范伦理学理论，考察人追求美好生活的种
种要求。正当行为的规范理论试图发现，一个行为在道德上可以接受
意味着什么。

换言之，规范伦理学试图提供原则、规则和程序系统，以决定
一个人应当做什么、不应当做什么（从道德上说）。规范伦理学不同
于元伦理学：规范伦理学考察行为正当或错误的标准，元伦理学则
考察道德语言的意义以及道德事实的形而上学。规范伦理学也不同
于"描述伦理学"（descriptive ethics），后者是对人的道德行为的经验
考察。

规范（norms）是以影响行为为目的的语句（规则），并非用于描
述、解释和表达的抽象概念。规范语句包括命令、许可和禁止，而一
般的抽象概念则包括真切、有理（justification）、诚实。规范规则解释
"应然"（ought-to）类型的陈述和论断，与"实然"（is）类型的陈述
和论断相对应，截然不同。"规范伦理学"的一个典型方法，是将"规
范"描述为相信甚至感觉的理由。

最后，**社会正义**理论试图发现，社会必须如何建构？在一个社会
中，自由和权力的社会产品（goods）应当如何分配？

15

2.2.3 应用伦理学

应用伦理学（Applied Ethics）是伦理学的一个分支，考察伦理学理论在现实生活中的应用。为达到这一目的，应用伦理学试图阐明，围绕理论和原则的运用方式，存在不一致的可能性[4]。应用伦理学的具体领域有：

- 医学伦理学
- 生物伦理学
- 公共部门伦理学
- 福利伦理学
- 商业伦理学
- 决策伦理学
- 法律伦理学（正义）
- 媒体伦理学
- 环境伦理学
- 制造业伦理学
- 计算机伦理学
- 机器人伦理学
- 自动化伦理学

用"十诫"之类的严格义务论原则解决特殊案例，在世界上并未被所有人接受。例如，在医学伦理学中，严格的义务论方式，决不允许向患者隐瞒病情，而功利主义则准许在结果良善的情况下，可以隐瞒相关病情。

16

2.3 伦理学理论

有如下几种重要的伦理学理论：

- 美德论（**亚里士多德**）
- 义务论（**康德**）
- 功利主义（**密尔**）
- 正义即公平理论（**罗尔斯**）
- 利己主义
- 基于价值的理论
- 基于实例的理论

2.3.1 美德论

亚里士多德的伦理学建立在**美德**（virtue）概念的基础上。根据定义，美德是人为了繁荣发展或幸福生活所需要的品格（character）。**"美德"**一词源自拉丁文 virtus 和希腊文 αρετή（areti），意指个人的优点（excellence）。**有德的行为者**（virtuous agent）就是具有并施行美德的人（乐善好施的行为者）。美德论称："如果一个行为是有德的行为者面对当下的情况作出的，它就是正确的。"[5, 6] 因此，美德论实际上考虑如何陶冶性情，养成习惯，以塑造善良的人格（品格），使行为具有正义、明哲、勇敢、节制、同情、智慧和坚毅的性质。塑造这类品格（实践理性的模式），必须回答"我应当养成什么习惯"的问题。总而言之，通过将欲望、理性和品格结合起来，形成人的个性。亚里士多德有两个主要美德："σοφία"（sophia）与 "φρόνησις"（phronesis），前者意指**理论智慧**，后者意指**实践智慧**。柏拉图的基本美德是：智

慧、勇敢、节制和正义，即如果一个人是**智慧的、勇敢的、节制的、公正的**，那么，正确的行为随之而出。

2.3.2 义务论

17　　**康德的道德理论**[7] 强调行为所依据的原则，而非行为的结果。因此，人要做出正确的行为，必须为普遍的义务论原则所驱使，尊重每一个人（尊重个人理论）。**义务论**（deontology）一词源于希腊文"δεοντολογία"（deontology），该词由"δέον"（deon = 义务 / 责任 / 权利）和"λόγος"（logos = 学习 [study]）两个词构成。因此，义务论是以义务、责任和权利为基础的道德理论。当为正确原则驱使时，他（她）便克服动物的本能，行为合乎道德。康德伦理学的核心是"**绝对命令**"（categorical imperative，又译为"定言命令"）。他的实践理性模式在于回答这一问题："我如何决定什么是合理性的（rational）？"这里，合理性意味着"做理性所要求的"（即没有前后不一或自相矛盾的政策）。通向义务论的另一条进路是**阿奎那的自然法则**[8]。义务论的另一个形式是："这样的行为：将人类，无论你自己还是其他人，始终作为目的，不能当作工具。"人不像物，决不应仅仅被利用。人就是目的本身。

康德为什么不将伦理学建立在行为结果的基础上，而归结为义务？原因在于，即便我们竭尽全力，也不可能控制未来。我们因为自己可控的行为（包括意志或意向）而受褒贬，不是因为我们的结果。这并不意味着，康德不关心行为结果。他只是坚持，对于我们的行为进行道德评价，结果无关紧要。

2.3.3　功利主义

这种理论亦称作**密尔的道德理论**，属于后果论伦理学理论，是**"目的论的"**（teleological），以某种目标状态为目的，对追求该目标的行为进行道德评价。更特别的是，**功利主义**衡量一个决策或行为的道德性，依据其影响能否使每个人预期的净效益最大化。功利主义的基本原则可表述如下 [9]：

> 仅当行为趋向于增进每一个相关者的最佳长期利益（最大善）时，它们才是道德的。

当然，在许多情况下，我们并不清楚什么构成了**"最大善"**（greatest good）。有些功利主义者认为，真正的善是快乐和幸福，另一些人则声称，其他东西是真正的善，即美、知识和力量。

按照**密尔**的看法，并非所有的快乐都具有同等价值。他根据**福祉**（well-being，快乐或幸福）来界定**"善"**（good），福祉即亚里士多德的 ευδαιμονια（eudaimonia＝幸福）。他区分了不同的幸福，各种形式的快乐之间不仅有量的区别，还有质的区别。

功利原则试图弥补**经验的**事实与运用纯粹成本／收益分析的**规范结论**之间的裂隙。这里，每个人只应算作一个人，不允许将任何一个人看作多于一个人。功利主义的缺陷（困难）包括：

- 并不总是能够确定谁受到某一行为结果的影响。
- 结果可能不是单一行为造成的。
- 快乐不能简单地量化，用于成本／收益分析。

18

· 最大多数人的最大善以"聚合"的方式加以规定，因此，获得这种善的条件可能伤害一些人。

· 决定"什么是正确的（或错误的）"是一个复杂的、耗费时间的过程。

2.3.4 正义即公平理论

这个理论是**约翰·罗尔斯**（John Rawls, 1921—2002）提出的。他将康德与功利主义哲学结合起来评价社会和政治体。**正义即公平**的理论以下述原则为依据[10]：

> 一般性的基本物品（goods）——自由和机会、收入与财富，以及自尊的基础——必须平等分配，除非任一或所有这些利好的不平等分配有利于那些最少受惠者。

这个原则包括两个部分：**自由原则**（每个人具有平等权利，享有与他人自由相兼容的最广泛的基本自由）和**差异原则**（必须调控经济的和社会的不平等，以至于可以合理地期盼让每个人从中受益，系于面向所有人的地位和职位）。康德式的自由原则要求对人有普遍的基本尊重，将其作为所有制度的最低标准。差异原则表明，所有行为可以使所有人获取经济和社会利益，特别是有利于最少受惠者（如同功利主义），允许合理的差别对待。

2.3.5 利己主义理论

利己主义是一种目的论的伦理学理论，仅以追求自身最大的善

（快乐、利益等等）为目标。利己主义源于希腊文"εγώ"（ego= 我自 19
己）。利己主义分为以下几类：

- **心理利己主义**（基于这一论证：人自然而然为自我利益所驱使）。
- **伦理利己主义**（基于这一论证：个人出于自身的利益行为具有
  规范性）。伦理利己主义者相信，凡是为了他 / 她的自身利益，
  道德上都是正确的。
- **最简利己主义**（最适用于社会或经济过程，所有的行为者都努
  力以最少的代价获取最大的利益）。显然，这既不是规范的进
  路，亦非描述的进路。

利己主义与**利他主义**相对立，后者不限于追求个人自己的利益，
也将他人利益包含在自己追求的目标中。

2.3.6　基于价值的理论

基于价值的理论运用某种**价值体系**对个人或社群所秉持的道德
和意识形态价值定序，排列优先次序[11]。价值是人想要做的**东西**
（what）。它不是义务行为，而是**想要做的**（want-to-do）行为。两个人
或两个社群，可以拥有一套共同价值，但是，他们的价值优先次序可
能并不相同。因此，两群人具有某些相同价值，彼此却可能发生意识
形态的或身体的冲突。具有不同价值体系的人，关于某些行为（一般
或特殊情况下）究竟是正确的还是错误的，各持己见，莫衷一是。

价值可划分为[11]：

- **伦理价值**（用于规定什么正确，什么错误，道德还是不道德）。
  它们确定在秉持这些价值的社会里，什么被允许，什么被禁止。
- **意识形态价值**（指更普遍、更广泛的宗教、政治、社会和经济

等道德领域）。一个价值体系必须一致，然而现实生活中，或许这并非真的。

2.3.7　基于实例的理论

这是一种现代伦理学理论，力图克服义务论与功利主义之间明显不可能的分裂。它也被认作**决疑法**（casuistry）[12]，从特定实例的直接事实出发。**决疑者**从个例本身开始，然后审视具有道德意义的（理论的和实践的）特征是什么。在法律伦理学的法理和伦理考察中，决疑法获得广泛应用。例如，倘若遵循义务论原则，绝不允许说谎。但是用决疑法，人们可以断言，宣誓正式出庭作证时撒谎是错误的，而用谎言拯救生命则是最大的善行。

2.4　职业伦理学

职业伦理学指导从业人员之间的互动，使他们能够以最好的方式互助，为整个社会提供服务，无须担心其他专业人员用不道德的行为削弱他们[13, 14]。大多数行业都具有这种伦理准则，它们不同于适用整个社会教育和宗教的道德准则。这些伦理准则比道德准则更具专业性，内容更加一致，尤其容易为普通的从业人员所运用，无须烦琐的解释。

职业伦理学最早的行为准则之一是《希波克拉底誓言》（*Hippocrates Oath*），它规范了医生的伦理行为，要求避免伤害其病人。《誓言》及其全部准则都是以第一人称书写的[15]。**珀西瓦尔**（Percival）[16] 对这部医学专业的伦理学准则进行修订，祛除了希波克拉底誓言的主观色彩，使之成为可行的实施办法。

珀西瓦尔准则没有使用第一人称，从而进一步削弱准则对个人的解释，有助于不同的个人对准则形成更一致的理解，因此，其标准可以得到更普遍的应用[16]。这部准则作为基础，为许多科学和专业学会制定相应的职业伦理学准则提供了依据。现代的职业准则具有相同属性，尽可能清晰地规定从业人员承担什么主要义务，对谁负责。

下面，我们将展示如下准则：

• 美国国家职业工程师协会（National Society of Professional Engineers，简称 NSPE）准则[17]。

• 电气和电子工程师协会（Institute of Electrical and Electronic Engineers，简称 IEEE）准则[18]。

• 美国机械工程师协会（American Society for Mechanical Engineers，简称 ASME）准则[19]。

• 伍斯特理工学院（Worcester Polytechnic Institute，简称 WPI）制定的机器人工程师准则[20]。

2.4.1 NSPE 工程师伦理准则

该准则表述如下：

"工程师在履行其职责时，应该：

1. 将公众的安全、健康和福祉置于首位。

2. 仅在其胜任的领域提供服务。

3. 仅以客观、诚实的方式发表公共报告。

4. 作为忠实的代理人或受托人，为每个雇主或客户服务。

21

5. 严禁欺诈行为。

6. 行为要体面、负责、坚持操守、遵纪守法，以提升专业的信誉、声望和效用。"

这个准则面向全部以工程师为职业的人员，不涉及特殊的工程专业。其细则还包括：(1) 实践规则，(2) 职业义务，(3) NSPE 执委会发布的声明，在 NSPE "工程师伦理准则"[17] 中可以看到。

2.4.2　IEEE 伦理准则

这个准则提出十项伦理要求，表述如下 [18a]：

"我们，IEEE 的成员，知道我们的技术会影响整个世界的生活品质，举足轻重；我们承诺恪尽职守，为我们所服务的成员和团体尽自己的义务，为此，全力以赴，服从最高的伦理和职业操守，并同意：

1. 决策时，有义务自始至终保证公众的安全、健康和福祉，及时公布可能危及公众或环境的因素。

2. 尽可能避免存在或潜在的利益冲突；倘若有，告知受影响的当事人。

3. 提出要求或评估当以有效数据为基础，诚实可信、实事求是。

4. 拒绝一切形式的贿赂。

5. 加强对技术及其恰当应用以及潜在结果的理解。

6. 保持并提升我们的技术能力；只有当他人的训练或经验有限，或者充分暴露有重大局限性之后，方可替他人承担技术任务。

7. 对于技术工作，寻求、接受和提出坦诚的批评；承认错误、纠正错误；正当地承认他人作出的贡献。

8. 公平对待所有人，不论种族、宗教、性别、伤残、年龄或国籍。

9. 避免用错误或恶意的行为伤害他人、他们的财产、荣誉或职业。

10. 帮助同事及合作者的取得职业发展，支持他们遵守这一伦理准则。"

显然，这个准则的目的也是普遍的，为所有的电气和电子工程师提供伦理规则。IEEE 行为准则（为其成员和员工制定）于 2014 年 6 月获得批准并发布[18b]。

2.4.3 ASME 工程师伦理准则

这一准则涵盖所有专业的工程师，表述如下[19]：   22

"ASME 要求每个成员坚守伦理实践，遵循以下**工程师伦理准则**。

基本原则

工程师维护并发扬工程专业的正直、荣誉和尊严，努力：

1. 运用他们的知识和技能，增加人类福祉。

2. 秉持诚实与公正，真诚地为客户（包括他们的雇主）和公众服务。

3. 提高工程学专业的能力和声望。

基本规程

1. 工程师在履行专业职责时，应当把公众的安全、健康和福祉置于首位。

2. 工程师应当仅在能力胜任的领域履行职责；应该把他们的专业荣誉建立在优质服务的基础上，不应当与他人进行不公平的竞争。

3. 工程师应当毕其一生，不断致力于自己的专业发展，应当寻找

机会，为其他工程师的专业和伦理发展提供指导。

4. 工程师作为忠诚的代理人或受托人，应当以专业的方式为每个雇主或客户服务，避免利益冲突或者利益冲突的征兆。

5. 工程师应当尊重他人（包括工程学领域的慈善组织和专业社团）的专有信息和知识产权。

6. 工程师应当仅与声誉良好的个人或组织合作。

7. 工程师应当仅以客观、诚实的方式发布公共报告，避免任何有损专业声誉的行为。

8. 工程师在履行专业职责时，应当考虑对环境的影响和可持续发展。

9. 工程师不应当寻求对其他工程师实施道德制裁，除非依据制约那个工程师道德行为的相关准则、政策和规程有这么做的充分理由。"

解释这一规程的详细标准，参见 ASME"工程师伦理准则"[19]。

2.4.4 WPI 机器人工程师伦理准则

23　　这个准则是专门为机器人工程师制定的，具体表述如下[20]：

"作为一个有道德的机器人工程师，我懂得，任何时候，我都有责任牢牢记住下列社团的福祉：

全球——人民和环境的利好

国家——我的国家及其盟国的人民和政府的利好

本地——受影响社区的人民和环境的利好

机器人工程师——专业和同行的声誉

客户和终端用户——客户和终端用户的期望

雇主——公司财政和声誉的良性发展

为了这个目的，我将竭尽全力：

1. 采取这样一种行为方式：我愿意对我参与创造的任何东西的活动和使用，承担责任。

2. 关心和尊重人的身心健康和权利。

3. 不故意提供错误信息；如果有错误信息传播，将尽力予以纠正。

4. 在任何可能的情况下，尊重和遵守地方、国家以及国际法规。

5. 公开且坦诚地面对任何利益冲突。

6. 接受和提出建设性的批评。

7. 帮助和协助同行发展专业，遵守本准则。"

正如"WPI 机器人工程师伦理准则"[20] 所述："这一准则针对机器人工程的当下状态，不能指望它在这个迅猛发展的领域，阐明一切未来可能的发展。当情况发生变化，始料未及，就必须相应地检讨和修正这一准则。"关于机器人伦理学以及围绕 WPI 机器人工程师伦理准则的详细讨论，参见《机器人工程师伦理准则》[21, 22]，关于伦理学和模块化机器人（modular robotics）的有益讨论，参见 T. 史密斯（Smyth T）的论文 [23]。

2.5 结语

我们在本章提出伦理学的基本概念和理论。在分析的意义上，伦理学研究发端于希腊哲学家苏格拉底、柏拉图和亚里士多德，他们阐发了所谓的"**伦理学自然主义**"。现代西方哲学家则在分析哲学的框

架下，阐发其他一些理论，本章已经予以描述。事实上，人们通常认为，古代伦理学与现代道德性之间，存在根本的差异。例如，**美德论**与现代**义务论伦理学**（康德主义）和**后果论伦理学**（功利主义）之间，似乎具有重大差别。不过，我们实际看到，两类伦理学方法仍有颇多共同之处，并非人们成见认为的那样。理解**美德伦理学**和**现代伦理学**理论的优势与弱点，有助于克服当今伦理学的问题，发展行之有效的伦理学推理和决策方法。目前，个人或群体的交往，主要遵循**契约伦理学**（contract ethics），实行一种最低纲领主义（minimalist）理论。在**契约伦理学**中，善由相互同意所界定，彼此互惠。人们之所以遵循这种方式，乃因为参与者得到的更多，而不是更少。

参考文献

[1] Rachels J (2001) The elements of moral philosophy. McGraw-Hill, New York

[2] Shafer-Landau R (2011) The fundamentals of ethics. Oxford University Press, Oxford

[3] Singer P (2001) A companion to ethics. Blackwell Publishers, Malden

[4] Singer P (1986) Applied ethics. Oxford University Press, Oxford

[5] Hursthouse R (2002) On virtue ethics. Oxford University Press, Oxford

[6] Ess C (2013) Aristotle's virtue ethics. Philosophy and Religion Department, Drury University.www.andrew.cmu.edu/course/80-241/guided_inquiries/more_vcr_html/2200.html,www.iep.utm.edu/virtue, www.drury.edu/ess/reason/Aristotle.html

[7] Darwall S (ed) (2002) Deontology. Blackwell, Oxford

[8] Gilty T (1951) St. Thomas aquinas philosophical texts. Oxford University Press, Oxford

[9] Stuart Mill, J (1879) Utilitarianism, 7th edn. Longmans Green & co., London

[10] Rawls J (1971) Theory of justice. The Belknap Press of Harvard University Press, Boston

[11] Dewey J (1972) Theory of valuation. Chicago University Press, Chicago

[12] Jonsen A, Toulmin S (1990) The abuse of casuistry: a history of moral reasoning.The University of California Press, Los Angeles

[13] Beabout GR, Wennenmann DJ (1993)Applied professional ethics. University of Press of America, Milburn

[14] Rowan JR, Sinaich Jr S (2002) Ethics for the professions. Cengage Learning, Boston

[15] North T (2002) The Hippocratic Oath. National Library of Medicine. www.nlm.nih.gov/hmd/greek/greek_oath.html

[16] Percival T (1803) Medical ethics. S. Russel, Manchester

[17] NSPE: National Society of Professional Engineers: Code of Ethics for Engineers. www.nspe.org/Ethics/CodeofEthics/index.html

[18] IEEE Code of Ethics and Code of Conduct. (a) www.ieee.org/about/corporate/governance/p7-8.html; (b) www.ieee.org/ieee_code_of_conduct.pdf

[19] ASME Code of Ethics of Engineers. https://community.asme.org/colorado_section/w/wiki/8080.code-of-ethics.aspx

[20] WPI Code of Ethics for Robotics Engineers (2010) http://ethics.iit.edu/ecodes/node/4391

[21] Ingram B, Jones D, Lewis A, Richards M (2010) A code of ethics for robotic engineers. In:Proceedings of 5th ACM/IEEE international conference on human-robot interaction (HRI'2010), Osaka, Japan, 2–5 Mar 2010

[22] www.wpi.edu/Pubs/E-project/Available/E-project-030410172744/unrestricted/
A_Code_of_ Ethics_for_Robotics_Engineers.pdf

[23] Smyth T, Paper discussing ethics and modular robotics. University of Pittsburgh,
www.pitt. edu/~tjs79/paper3.docx

第 3 章

人工智能 ①

别担心一架特定的机器能否是智能的，创造一个智能软件远比
这个重要得多。

——奥利弗·塞尔弗里奇（Oliver Selfridge）

迄今为止设计的计算机，没有一个意识到它在做什么；不过，
大部分时间里，我们也不知道。

——马文·明斯基（Marvin Minsky）

3.1 导论

人工智能（artificial intelligence, AI）领域发展到现在已有几十年的
历史了。它诞生于所谓的达特茅斯会议（1956 年）。数十年间，AI 研
究者使该领域突飞猛进，达到很高的水平。广泛开展 AI 研究的动机

① © Springer International Publishing Switzerland 2016

S.G. Tzafestas, Roboethics, Intelligent Systems, Control and Automation:

Science and Engineering 79, DOI 10.1007/978-3-319-21714-7_3.

源于人类的梦想，即发明能够像人一样**"思维"**的机器，具有高级智能和专业技巧，包括自我纠错的能力。目前，计算机科学界依然划分为两个学派。第一个学派对 AI 保持乐观，认为 AI 将很快接近人类智能的理想，为什么不超越它呢？第二个学派反对 AI，认为创造有理智行为的计算机（机器）完全不可能。

例如，**休伯特·德雷福斯**（Hubert Dreyfus）于 1979 年指出，计算机仿真工作者错误地假定，明确的规则可以控制理智过程。他提出一个论证：计算机程序实质上是**"目标追求"**，因此，要求设计者事先精确地知道期待怎样的行为，如同象棋比赛一样（与艺术作品正好相反）。反之，人是**"价值追求"**，即我们并非始终从心灵的终极目标出发，而是想方设法将隐含的价值付诸实现，通过参与创造或分析过程，腾空飞翔[1]。

阿兰·图灵（Alan Turing）、约翰·麦卡锡（John McCarthy）、赫伯特·西蒙（Helbert Simon）以及艾伦·纽厄尔（Allen Newell）属于支持 AI 的学派。**图灵**表示："未来，会有一架机器复制人的智能。"**麦卡锡**说："学习的每一方面或智能的所有其他特征，原则上都可以精确地加以描述，使人们有可能创造机器模仿它。"**西蒙**称："凡人能做的工作，机器都能做。"**纽厄尔**断言："物理符号系统有充分必要的手段从事一般的智能活动。"此外，许多作者认为，未来数十年内，创造**超级智能软件行为体**（super intelligent software agent）的概率很高，有充分的理由给予考虑[2,3]。根据**鲍斯罗姆**（Bostrom）的观点[4]，"超级智能的智力在所有实践领域，包括科学创造、一般智慧，以及社会技能等，都远远超越人类最聪明的大脑"。**波斯纳**（Posner）则提出警告[5]，超级智能行为体或许会产生巨大影响，即便目前开发的可能性很低，但是，预期后果证明，在具备生产这种行为体的能力之前，应该细致研究。与智能计算机（机器）的研发和运用相关的伦理问题，是计算机伦理学，或机器伦理学，或人工智能伦理学讨论的主题。这些问题涉及计算机的认知和心理运算。机器人伦理学同时既考察机器人的理智能力，又考察其机械能力。

本章提供 AI 的一些背景资料，帮助读者理解第 5—9 章讨论的 AI 伦理学和机器人伦理学。本章特别关注如下问题：

- 讨论人类智能与人工智能的区别
- 讨论将机器描述为智能机所必须通过的图灵测试
- 概览人工智能的应用

3.2　智能与人工智能

人工智能（AI）是计算机科学的一个分支，研究智能机器，或者，研究如何将智能嵌入计算机。**麦卡锡**于 1956 年发明了这个词，根据他的看法，"人工智能是制造智能机器的科学和工程学"[6]。**伊莱恩·里奇**（Elaine Rich, 1983）将人工智能界定为"计算机科学的一个分支，研究如何使计算机能做当前人类做得较好的事情"。这个定义避免了界定"**人工**"和"**智能**"这两个哲学概念的困难[7]。AI 概念引发无数的讨论、论辩、分歧、误解和误望。

美国中央情报局（the Central Intelligence Agency）将"智能"（情报）一词界定为"采集数据和知识计算"。这个定义支持 AI 的倡导者。支持 AI 的反对者的有**罗杰·彭罗斯**（Roger Penrose）的论述："真正

的智能不能没有**意识**，因此，智能绝不可能由计算机执行的运算法则生成。"[8] AI 的文化定义是："研究如何使机器能做电影描述的事情的科学和工程学"，诸如《战争之星》（*The Stars of the Wars*）、《霹雳游侠》（*Knight Rider*）、《星际迷航》（*Star Trek*）之《下一代》（*The Next Generation*）、《黑客帝国》（*The Matrix*）、《终结者》（*Terminator*）等。这些关于 AI 的描述不以现实的科学为依据，而是建立在影视编剧和科幻作家的想象的基础上。

从词源上看，**intelligence** 一词源于拉丁文**"intellegere"**（理解、知觉、识别、了解）。该词前一部分来自前缀**"*inter*"**（意味着 **between**[**在……之间**]），后一部分来自**"*legere*"**（意味着选择、挑选和搜集）。两个部分结合在一起，可解释为在尚无明确关系的细部（details）之间建立抽象连接的能力。许多研究者将"intelligence"（智能）界定为**"解决问题"**（problem solving）的能力。但这并不正确。知道所有的事实和规则，能够获取每一丝信息，并不足以成为**智能**。智能的本质部分（如同拉丁文暗示的）在于具有远见卓识，能够超越简单的事实和所予（givens），把握和理解它们之间的联结和依存关系，从而能产生新的抽象观念。人不仅仅运用理智解决问题。这不过是理智应用的一个方面。确实，人的心灵经常关注某个问题，或条分缕析，或借鉴先前经验，或二者兼顾，千方百计解决这一问题。但是，还有许多时候，人们让记忆和观察在心灵中漂移，像天空中的白云一样缓慢移动。这也是一种思维形式，尽管不是解决问题的过程，并不有意识地指向某个目标。事实上，它是**梦想过程**（dreaming process）[10]。因此，要理解智能和思想，必须也包括梦想。一般说来，智能用以协调和控制生活，它体现在我们的行为中，驱使我们实现同样为智能所主导的目标。

3.3　图灵测试

　　图灵测试是图灵[9]发明的一种方法，用以评估机器是否具有人一样的行为或思维。人们运用这种测试，可以现实地回答"**机器能否思维**"这一问题。测试中，询问者向人和机器提出一系列问题。倘若询问者无法分辨哪个回答来自机器，那么，这架机器便被认为像人一样运作。今天，概括而言，还没有哪台计算机通过这项测试，而且，许多科学家相信，永远都不会有任何计算机通过这项测试[8]。实际上，计算机被给予一套指令，但它所能理解的只不过是符号的形式意义。所有不熟悉该程序细节的人，很容易相信这台计算机的运作是智能的。只有程序编制者清楚地知道，运算系统将如何作出响应。IBM制造了名为 Watson（**沃森**）的超级计算机，后者在**危险边缘**（Jeopardy）的游戏节目中可与人匹敌[10]，另一台名为**深蓝**（deep blue）的超级计算机，能够**深谋远虑**（outthink），以两胜三平的成绩，战胜国际象棋世界冠军**加里·卡斯帕罗夫**（Garry Kasparov，1997 年 5 月 11 日）[11]。然而，这远远没有证明：计算机能够真正地像人一样思维。深入考察超级计算机在危险边缘游戏和国际象棋比赛中的表现，可以看到，至此，计算机在两项特殊功能上超越了人类：

　　•能够存储和检索大量数据，以备解决特定的问题

　　•计算优势

　　计算机一旦搜寻并检索可能的对策，便凭借运算以及可获取的数据设置，计算最佳适用途径，生成合适的解决方案。

　　例如，在象棋比赛中，计算机深蓝能够探寻未来的棋步，程度可达"6—8 步，最多达到 20 步，有些情境下甚至更多"[12]。然而，

28

尽管计算机具有这种不均衡的搜寻优势，却没有能力制定"**策略**"（strategy），这是超越单纯棋步计算的关键。计算机是运用强力计算方式预测棋步来替代策略缺失。计算机不可能是真正智能的第二个理由是：它们不能"**独立学习**"（learn independently）。人类解决问题依据的是先前经验及其他认知功能，不过，积累那些记忆则通过**独立学习**。

关于人与计算机的智能，**魏泽鲍姆**（Weizenbaum）指出："人类心灵有一个方面，即'**无意识**'（unconscious）方面，无法通过信息处理基元（information-processing primitives）加以解释，后者即基本的信息流程，我们通常将它们与形式思维、计算以及系统的合理性联系在一起。"[13] 在同一问题上，**阿提拉·纳林**（Attila Narin）也主张："计算机无法超越数据处理器的状态，不再简单地处理 0 与 1，而能精确地从事人们要求做的一切。电子机器永远也达不到这种程度：机器具有生命，或可以称作智能的。人们所创造的，只是表面模拟智能的工具。"[14]

人类思维过程包含一个"**聚焦度**"（focus levels）谱，从最大聚焦的顶（分析）端，经由中等程度的"心灵漂移性松弛"，到最低"聚焦度"的"梦想"。**格伦特尔**（Gelernter）[15] 将人的聚焦度谱与光谱相类比：在后者，顶端是最高频率的紫外色，底端是最低频率的红外色。中间段是紫、蓝、青、绿、黄、橙、红等色，频率依次逐步递减，就像人类的思维聚焦度逐步递减一样。人在一天中感觉疲劳时，他／她便无法从事精力高度集中的分析性思维，更愿意放松、闲坐着。事实上，在一天之内，我们有多次波动，从高度聚焦变成低度聚焦，再返回高度聚焦，直到最后进入梦乡。我们通常的聚焦度是若干心理因素的集合。上面的讨论表明，凡有心灵，就必然包含"**思维聚焦**"。从理论上说，AI 的主要目标就是精确地探索和理解认知范围［谱］，进而理解**类比**（analogy）和**创造性**（creativity）。追求这一目标，至今仅迈出有限的几步。关于**人工通用智能**（Artificial general intelligence, AGI）的理论基础，卓有贡献的一本书是《人工通用智能理论基础》（*Theoretical Foundations of Artificial General Intelligence*）[16]。该书针对 AI 的各类理论问题，提出一些新的解决方案，条理清晰、前后一贯，将 AGI 研究与相关领域研究联系起来。

29

3.4 应用 AI 概览

尽管围绕人工智能能否达到或超越人类智能，有许多理论和哲学的思考，但今天人工智能已经成为计算机产业的一个重要内容，有助于解决极端困难的社会问题，应用 AI 研究智能系统的实现过程，因此，它是工程学的一个类型，至少是一门应用科学。实际上，必须将应用 AI 看作工程学的一部分，以实现智能系统的下列功能：

- 自然语言的理解与处理
- 言语的理解与处理
- 机器 / 计算机视觉
- 自主 / 智能机器人
- 专业领域知识的获取

当然，最初的定理证明和博弈系统，既包括在应用 AI 中，同时也是**知识工程**（knowledge engineering, KE）和**专家系统**（expert systems,

ES）的子域。"知识工程"一词是费根鲍姆（Feigenbaum）和麦克库达克（McCorduck）于 1983 年提出的 [17]，指称这样一种工程学领域：将知识整合到计算机系统，以解决通常需要高级专业人才解决的复杂问题。每一个 ES 对应一个特殊的问题域，原来它们都需要高级专家处理。因此，ES 的知识是从人类专家那里获取的。在**基于知识的系统**（knowledge based system, KBS）中，知识凭借数学仿真模型获取，或者，从现实的实验作业中提取。事实上，ES 模仿人类推理，像人类专家那样运用特定的规则或对象。1950—1980 年间，AI 的发展经历了几个步骤，如表 3.1。

表 3.1　1950—1980 年代 AI 的发展

年代	领域	研究者	开发系统
1950	神经网络	罗森布拉特（Rosenblatt）[维纳（Wiener），麦卡洛（McCulloh）]	感知器
1960	启发式搜索	纽厄尔和西蒙（Newell and Simon）[图灵（Turing），香农（Shannon）]	GPS（通用解题器）
1970	知识表示	肖特利夫（Shortliffe）[明斯基（Minsky），麦卡锡（McCarthy）]	MYCIN
1980	机器学习	莱纳特（Lenat）[萨缪尔（Samuel），霍兰（Holland）]	EURISCO

30　　　人类应用领域以及 AI 处理的问题范围十分广泛，因此，求解的方法不可胜数，且多种多样，彼此不同。不过，在所有情况下，几种基本方法发挥着重要作用。列举如下 [18, 19]：

·知识获取与保持

·知识表示

- 解法搜索

- 推理

- 机器学习

知识表示的最重要、最流行的方法是：

- 谓词逻辑（演算）

- 命题演算

- 产生规则

- 语义网络

- 框架与脚本

- 对象

- 基于模型的表示

- 本体论

最后一种方法以**"本体论"**（ontology）概念为基础，相对其他方法更新一些，这里简略讨论一下。"本体论"一词是从哲学借用的，哲学中，本体论是形而上学的一个分支，研究**是**（being）或**存在**（existence）及 λόγος（逻各斯，logos=study）。**亚里士多德**将本体论描述为 **"being 的科学"**。**柏拉图**认为，本体论关系到**"理念"**（ideas）和**"相"**（forms）。三个概念在形而上学中占据核心地位："**实体**"（substance）、"**形式**"（form）和"**质料**"（matter）。

在知识工程中，"本体论"一词用于知识库中知识的"表示"。事实上，任何本体论都将提供共享词汇，用以建模和表示某一领域对象或概念的类型，即为共享的概念化过程提供形式明晰的规范[20]。实践中，大多数本体论表示个体、种类（概念）、属性和关系。一种被设计运用"本体论方法"的 ES 是 PROTÉGÉ II。

在 AI 问题的状态空间中，**解法搜索**的主要途径有 [19]：

- 深度优先搜索

- 宽度优先搜索

- 最佳优先搜索

所有这些途径隶属于所谓的"**生成与测试**"（generate-and-test）方法，生成解决方案，随后予以测试，检验是否能够应对当下的情况。

利用储存知识的**推理**，是从知识库里的事实得出结论的过程。或者，现实地说，从前提推出结论。可为计算机直接理解的知识表示，有三种传统方式：

- 逻辑表达

- 产生规则

- 空位—填充结构

一种被称作**自动推理**（automated reasoning）的推理形式广泛应用于各类专家系统，大获成功。它的基础是**逻辑程序设计**（logic programming），并通过 PROLOG 语言得以执行。

机器学习（machine learning）是 AI 的一个过程，很难独立界定，因为它范围广，从增加某个单一事实或一份新的知识，到复杂的控制策略，或者系统结构完全重新排列，等等。一类有用的机器学习是**自动学习**（automated learning），这是智能系统通过学习，即运用先前经验，提升自身性能的一个过程（能力）。自动学习有五个方面：

- 概念学习

- 归纳学习（借助事例学习）

- 借助发现学习

- 连接式学习

• 借助类比学习

一个完整的专家系统包含以下四个基本部分 [21, 22]：

• 知识库

• 推理机

• 知识获取装置

• 解释和互动装置

基于知识的系统，或许没有上述所有构件。最初专家系统的制造，是为了运用当时可获得的高级语言。过去的 AI 程序设计，最常用的是两种高级语言：LISP 和 PROLOG。更进一步，超越高级程序编制，是设计程序编制环境，帮助程序员和设计者完成他 / 她的任务。发展专家系统的其他更方便的程序有所谓"**专家系统建造工具**"（expert system building tools）或"**专家系统壳**"（expert system shells），或者，干脆叫"**工具**"（tools）。可获得的工具可以分为以下六类 [23]：

• 归纳工具

• 基于规则的简单工具

• 基于规则的结构化工具

• 混合工具

• 领域特殊工具

• 面向对象的工具

应用 AI 的一个子域是人机互动领域，通过合适的**人机交互**（human-computer interfaces，**HCIs**）予以实施 [24-26]。有证据表明，HCI 领域对于学习时间、执行速度、错误率、人类用户的满意度，都会产生重要影响。蹩脚的界面设计会吓退用户，而良好的设计则能导致重

32

大改进。因此，在 AI 的应用中，HCI 的工作至关重要。HCI 分为两大类：

- 常规 HCI

- 智能 HCI

常规 HCI 包括按键和键盘，以及定点设备（触屏、光笔、绘图板、跟踪球、鼠标等）[24]。智能 HCI 是自动化和机器人的特殊需要。首先，数据处理、信息融合、使用人 / 操作人与实在系统（设备、程序、机器人、企业）之间，与传感器数据源之间的智能控制，水平不断提升，发展迅速。其次，先进的 AI 和 KB 技术需要实际应用，嵌入循环系统，经由监测、事件检测、情景识别和行为选择等功能，获取高级的自动化。在某种意义上，HCI 应当是智能的，有通道抵达各类知识源，诸如用户任务知识、工具知识、域知识、交互形态知识以及如何互动的知识 [26]。

3.5 结语

本章考察了 AI 的一套基本概念，以助读者理解围绕机器人学引发的各种伦理和社会问题的讨论。AI 的伦理学问题源于这一信念：设计和制造智能（或超常智能）计算机，即可以驱动自主程序、决策和机器人行为的计算机，是可行的。

总之，甚至在今天，模仿人类许多智能的 AI 功能已引起人们的强烈关注，思考 AI 对社会产生的冲击。在如下颇具代表性的社会领域，AI 潜在地影响人们的生活，如医疗、助力技术、管家技术、安全设施、无人驾驶交通工具、气象预报、商业、经济流程，等等。在未来，人机互依将大大加强，甚至要获取共同的目标，缺一不可。大多数情况下，人将设定目标，提出假设，确定标准，进行评估。计算机主要从事决策所需要的常规工作。目前的分析表明，人机共生关系实施的智力运作，远比人类单独实施高效得多 [27]。

参考文献

[1] Dreyfus HL (1979) What computers can't do: the limits of artificial intelligence.   33
    Harper Colophon Books, New York

[2] Hall JS (2001) Beyond AI: Creating the Conscience of the Machine. Prometheus
    Books, Amherst

[3] Moravec H (1999) Robot: mere machine to transcendent mind. Oxford University
    Press, New York

[4] Bostrom N (2003) Ethical issues in advanced artificial intelligence. In: Smit I,
    Lasker GE(eds) Cognitive, emotive and ethical aspects of decision making in
    humans and artificial intelligence, vol 2. International Institute for Advanced
    Studies in Systems Research/Cybernetics, Windsor, ON, pp 12–17

[5] Posner R (2004) Catastrophe risk and response. Oxford University Press, New
    York

[6] McCarthy J, Hayes PJ (1969) Some philosophical problems from the stand point
    of artificial intelligence. In: Meltzer B, Michie B (eds) Machine intelligence, 4th
    edn. Edinburgh University Press, Edinburgh, pp 463–502

[7] Rich E (1984) Artificial intelligence. McGraw-Hill, New York

[8] Noyes JL (1992) Artificial intelligence with common lisp. D.C. Heath, Lexington

[9] Turing A (1950) Computing machinery and intelligence. MIND 49:433–460

[10] "What is Watson", IBM Innovation, IBM Inc. www.ibm.com/innovation/us/Watson/what-is-watson/index.html

[11] Hsu F-H (2002) Behind deep blue: building the computer that defeated the world chess champion. Princeton University Press, Princeton

[12] Campbell M (1998) An enjoyable game. In: Stork DG (ed) HAL's legacy: 2001 computer as dream and reality. MIT Press, Cambridge

[13] Weizenbaum J (1976) Computer power and human reason. W.H. Freeman, California

[14] Narim A (1993) The myths of artificial intelligence. www.narin.com/attila/ai.html

[15] Gelernter D, What happened to theoretical AI? www.forbes.com/2009/06/18/computing-cognitive-consciousness-opinions-contributors-artificial-intelligence-09-gelernter.html

[16] Wang P, Goertzel B (eds) (2012) Theoretical foundations of artificial general intelligence. Atlantis Thinking Machines, Paris

[17] Feigenbaum EA, McCorduck P (1983) The fifth generation. Addison-Wesley, Reading, MA

[18] Barr A, Feigenbaum EA (1971) Handbook of artificial intelligence. Pittman, London

[19] Popovic D, Bhatkar VP (1994) Methods and tools for applied artificial intelligence. Marcel Dekker, New York/Basel

[20] Gruber T (1995) Towards principles for the design of ontologies used for knowledge sharing.Int J Hum Comput Stud 43(5–6):907–928

[21] Forsyth R (1984) Expert systems. Chapman and Hall, Boca Raton, Fl

[22] Bowerman R, Glover P (1988) Putting expert systems into practice. Van Nostrand Reinhold, New York

[23] Harman P, Maus R, Morrissey W (1988) Expert systems: tools and applications. John Wiley and Sons, New York/Chichester

[24] Lewis J, Potosnak KM, Mayar RL (1997) Keys and keyboards. In: Helander MG, Landawer TK, Prabhu P (eds) Handbook of human-computer interaction. North-Holland, Amsterdam

[25] Foley JD, van Dam A (1982) Fundamentals of interactive computer graphics. Addison-Wesley, Reading, MA

[26] Tzafestas SG, Tzafestas ES (2001) Human-machine interaction in intelligent robotic systems: a unifying consideration with implementation examples. J Intell Rob Syst 32(2):119–141

[27] Licklider JCR (1960) Man-computer symbiosis. IRE Trans Hum Factors Electron HFE 1(1):4–11

第 4 章

机器人世界 [①]

35 　　归根结底，机器人学是关于我们人类的学科。它是模仿我们生活的学科，是试图弄清楚我们如何工作的学科。

——罗德·古鲁本（Rod Grupen）

　　从我站立的地方，很容易看到机器人技术中潜藏的科学。它致力于将智能与动能连接起来。也就是说，它致力于智能知觉以及对于运动的智能控制。

——艾伦·纽厄尔（Allen Newell）

4.1　导论

　　机器人学（robotics）处于许多科学领域的交叉路口，诸如机械工程、电气电子工程、控制工程、计算机科学及工程、传感工程、决策

① © Springer International Publishing Switzerland 2016

S.G. Tzafestas, Roboethics, Intelligent Systems, Control and Automation:

Science and Engineering 79, DOI 10.1007/978-3-319-21714-7_4

知识工程等等。机器人学的建立，始终被看作现代人类社会的主要科学和技术领域，已经为人类社会作出巨大贡献。

将机器人发展为"**智能机器**"（intelligent machines），将提供更多开发利用的机会，也让人们面临新的挑战，考察和评估新的担忧，未来的智能机器人将是充分自主的多臂机动机器，能够凭借人机类自然（natural-like）语言交流，接收、翻译和执行一般指令。为了实现这个目的，新的发展必然体现在感觉、认知、知觉、决策、机器学习、在线知识获取、不确定性推理、自动适配和基于知识的控制等方面。

本章的目的，是游览机器人世界，包括机器人的全部领域（gamma），从工业机器人到服务机器人、医用机器人和军事机器人。这将有助于本书所讨论的伦理学考察。本章特别关注：

- 阐释机器人是什么，通过运动结构和行进（locomotion）讨论机器人的种类。
- 简略讨论运用 AI 技术和工具的智能机器人。
- 展示工业、医疗、社会、空间和军事领域的机器人应用。

为此，本章的论述纯粹是描述性（非技术）的，仅为满足其目的。

36

4.2　机器人的定义和类型

4.2.1　机器人的定义

"**机器人**"（robota）一词是捷克戏剧家**卡雷尔·恰佩克**（Karel Capek）发明的，出现在名为《罗素姆万能机器人》（*Rossum's Universal Robots*）的剧作中[1]。剧中，"机器人"是人形机（humanoid，类人机），

一个智能工人，具有情感、创造力并且忠诚。机器人被定义为："机器人不是人。它们是比人更完善的机器，具有超常智力，却没有灵魂。从技术上讲，工程师的创造比自然的创造更精美。"

实际上，从世界史的范围看（约公元前 2500 年），第一个机器人是古希腊神话人物，名字叫**塔洛斯**（Τάλως），一个超自然的科幻人，青铜身体，一根血管从颈部到脚踝，里面流动着所谓**"灵液"**（ichor，不朽者的血液）。大约公元前 270 年，古希腊工程巨匠**克特西比乌斯**（Κτησίβιος）设计了著名的"水钟"。公元 100 年左右，**亚历山大的希罗**（Heron of Alexandria）设计并制造了几种反馈性机械装置，如里程计、蒸汽锅炉、自动分酒器、神庙门的自动开启装置等。约 1200 年，阿拉伯作者**艾尔·贾扎里**（Al Jazari）撰写了"自动机"（automata），这是研究技术和工程史最重要的文本之一。15 世纪 90 年代，**莱昂纳多·达·芬奇**（Leonardo da Vinci）制造了一个装置，好像披挂铠甲的骑士，被看作西方文明中第一个类人（android）机器人。1940 年，科幻作家**艾萨克·阿西莫夫**（Isaac Asimov）第一次使用"机器人"和"机器人学"等词语，并提出机器人学三定律，称为阿西莫夫定律，我们后面将会讨论。

现代机器人学的实际开端是 1954 年，那一年，**小德沃尔**（Devol Jr）获得他发明的多关节机械臂（multi joined robotic arm）的专利。名为 Unimate 的第一台工业机器人，是 Unimation 公司（Universal Automation）于 1961 年投入使用的。

关于机器人，事实上没有全球统一的科学定义。美国机器人学研究所（Robotics Institute of America, RIA）将工业机器人定义为："一种可重编程序（reprogrammable）的多功能机械手（manipulator），通

过可变的程序化运动，移动材料、部件、工具或专业设备，执行各类
任务，也从环境获取信息，智能地作出响应。"这个早先的定义不包
括移动机器人。欧盟标准 EN775/1992 这样定义机器人："操作型工
业机器人是自动控制的、可重编程序的多用途操作机器，有不同程度
的自由，或者固定位置，或者可以移动，在工业自动化应用中发挥作
用。"**罗纳德·阿尔金**（Ronald Arkin）提出另一个定义："智能机器人
是能够从环境中提取信息，运用自身所储备的专业知识，以有意义、
有目的的方式安全运作的一种机器。"

一般认为，智能机器人是在**知觉**（perception）与**行为**（action）
之间，建立智能联系的机器，自主（autonomous）机器人是没有人类
干预而能够开展作业的机器人，通过具体的人工智能的帮助，能够在
自身环境中运作和生活。

4.2.2 机器人的类型

自 1961 年 Unimate 机器人出现后，机器人发展迅猛，无论结
构上还是应用上，都有巨大扩展。扩展的标志是：**Rancho Arm**
（1963）、**Stanford Arm**（1963）、移动机器人 **Shakey**（SRI 技术，
1970）、**Stanford Cart**（1979）、日本类人机器人 **WABOT-1**（1980）
和 **WABOT-2**（1984）、**早稻田—日立 Log-11**（1985）、**Aqaurobot**
（1989）、多足机器人 **Genghis**（1989）、探索机器人 **Dante**（1993）
和 **Dante II**（1994）、美国国家航空航天局（NASA）的 **Sojourner** 机
器人探测车（1997）、本田的类人机器人 **ASIMO**（2000）、美国食品
药品监督管理局（FDA）的用于治疗人类肿瘤的**射波刀**（2001）、索
尼的 **AIBOERS-7**、第三代**宠物机器人**（2003）、SHADOW 的**灵巧手**

（2008）、丰田公司的**类人机器人 FLAME**（2010）等等。

根据几何学结构和行进方式，机器人分为 [2, 3]：

· 固定机器人机械手

· 轮式移动机器人

· 双足机器人（类人）

· 多足机器人

· 飞行机器人

· 海底机器人

· 其他类型机器人

固定机器人机械手　这类机器人包括以下几种类型：笛卡尔型（cartesian）、圆柱型（cylindrical）、球型（极面，spherical）、铰接型（articulated）、SCARA 型、并行型（parallel）、龙门型（gantry）（图 4.1）。笛卡尔型（又译"直角坐标型"）机器人有三个直线（平移）运动轴；圆柱型（又译"圆柱坐标型"）机器人有两个直线运动轴，一个旋转运动轴；球型（又译"极坐标型"）机器人有一个直线运动轴，两个旋转轴；铰接型机器人有三个旋转轴；SCARA 型（Selective Compliance Arms for Robotic Assembly，具有选择能力的装配机器人臂）是圆柱型与铰接型的结合；并行型机器人运用 Steward 平台；龙门型机器人具有一个架空轨道的机器人臂，形成机器人运行的水平面，从而扩大了作业范围。

轮式移动机器人　这类机器人的运动利用两类轮子：（1）常规轮；（2）特殊轮 [4]。**常规轮**分为动力定轮（powered fixed wheels）、自位轮（castor wheels）和动力导向轮（powered steering wheels）。动力定轮由电机驱动，电机安装在载具的固定位置。自位轮没有动力，可以

38

39

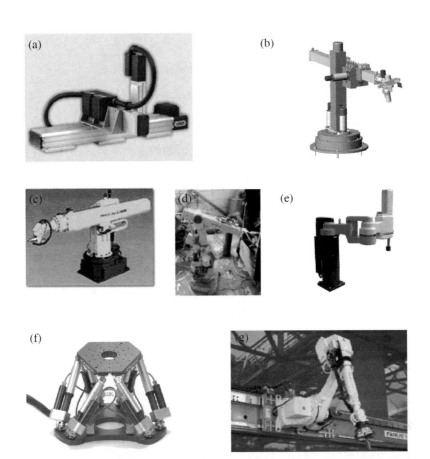

图 4.1 典型的工业固定机器人：(a) 笛卡尔型；(b) 圆柱型；(c) 球型；(d) 铰接型（拟人化）；(e) SCARA 型（具有选择能力的装配机器人臂）；(f) 并行型；(g) 龙门型

资料来源：

http://www.adept.com/images/products/adept-python-3axis.jpg

http://robot. etf.rs/wp-content/uploads/2010/12/virtual-lab-cylindrical-configuration-robot.gif.

http://www. robotmatrix.org/images/PolarRobot.gif.

http://www02.abb.com/global/gad/gad02007.nsf/Images/F953FAF81F00334DC1257385002D98BF/

$File/IRB_6_100px.jpg

http://www.factronics. com.sg/images/p_robot_scara01.jpg

http://www.suctech.com/my_pictures/of_product_land/ robot/parallel_robot_platform/6DOF5.jpg

http://www.milacron.com/images/products/auxequip/robot_gantry-B220.jpg

围绕垂直于车轮转动轴的轴线自由旋转。动力导向轮由电动机驱使运转，并且能够围绕垂直于转动轴的轴线定向。**特殊轮**有三种类型：通用轮（universal wheel）、麦克纳姆轮（Mecanum wheel）和球型轮（ball wheel）。通用轮围绕其外径安装若干个滚筒，垂直于轮子的转动轴。除了轮子转动外，它还可以沿着平行于轮轴的方向滚动。麦克纳姆轮类似于通用轮，只是滚筒的安装角度不是 90°（典型的是 ±45°）。球型轮可以朝任意方向转动，为载具提供全方向的运动。

根据驱动类型，轮式移动机器人划分为：（1）差动式机器人；（2）三轮式机器人；（3）全向式机器人（具有通用、麦克纳姆、同步驱动以及球型轮）；（4）阿克曼（汽车式）转向器；（5）滑动转向器。图 4.2 展示上述各类典型的轮式机器人图片。

双足机器人 这种机器人像人一样，有两条腿，以三种方式运40 动，即（1）两腿站立；（2）行走；（3）奔跑。类人机器人（人形化）是双足机器人，外观仿照人体，即具有头、躯干、腿、臂和手[5]（图4.3 a）。有些类人机器人只是部分模拟人体，即腰部以上类似于 NASA 宇航员（图4.3 b），而其他类人机器人也具有长着"眼睛"和嘴巴的"脸"。

多足机器人 多足机器人的最初研究集中于机器人运动能力的设计，使其能够平稳而从容地在高低不平的地形行进，例如，跨越简单障碍、身体机动灵活、在柔软地带运动等。这些要求，可以通过循环步法以及来自地面的二元（是／非）接触信息加以实现。较新的研究考察多足机器人如何在无路可走或极端艰难的地带行走，诸如山地、沟壑、堑壕以及地震形成的危险地域等。研究的基本问题是保证机器人的稳定性，以应对极端困难的地形条件[6]。图 4.4 展示了多足机器人的两个实例。

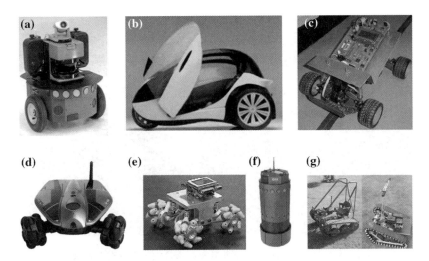

图 4.2　典型的移动机器人：(a) 先锋号 3——差动式驱动器；(b) 三轮式；(c) 阿克曼（汽车式）驱动器；(d) 全向式（通用驱动）；(e) 全向式（麦克纳姆驱动）；(f) 全向式（同步驱动）；(g) 滑动转向器（履带式机器人）

资料来源：

http://www.conscious-robots.com/images/stories/robots/pioneer_dx.jpg

http://www.tinyhousetalk.com/wp-content/uploads/trivia-electricpowered-tricycle-car-concept-vehicle.jpg

http://sqrt-1.dk/robot/img/robot1.jpg

http://files. deviceguru.com/rovio-3.jpg

http://robotics.ee.uwa.edu.au/eyebot/doc/robots/omni2-diag.jpg

http://groups.csail.mit.edu/drl/courses/cs54-2001s/images/b14r.jpg

http://thumbs1.ebaystatic. com/d/l225/m/mQVvAhe8gyFGWfnyolgtRjQ.jpg

　　飞行机器人　这种机器人包括所有能在空中运行的机器人，或者由人类飞行员控制，或者自动控制。前者涵盖所有类型的飞行器、直升机，亦包括航天航空器。自动控制的飞行器和飞行工具，被称作**无人驾驶飞行器**（unmanned aerial vehicles, UAVs），主要用于军事目的 [7]。其他通常用作娱乐目的的飞行机器人，具有类似鸟或类似昆虫的运动方式。图 4.5 展示了飞行机器人的六个例子。

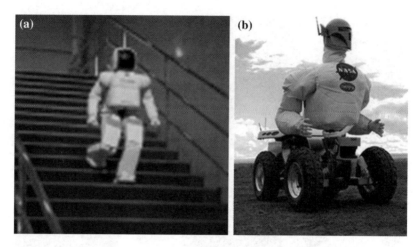

图 4.3 类人机器人实例：(a) 本田的类人机器人 ASIMO；(b) "NASA 宇航员"

资料来源：

http://images.gizmag.com/gallery_tn/1765_01.jpg

http://robonaut.jsc.nasa.gov/R1/images/centaur-small.jpg

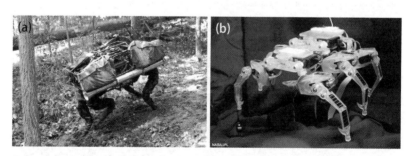

图 4.4　多足机器人的两个典型实例：
　　　　(a) DARPA LS3 四足机器人；(b) NASA/JPL 六足机器人

资料来源：

http://images.gizmag.com/gallery_lrg/lc3-robot- 26.jpg

http://robhogg.com/wp-content/uploads/2008/02/poses_02.jpg

图 4.5　飞行机器人：(a) 捕食者 AUV；(b) 商用飞机；(c) 转运直升机；(d) 无人直升机；
(e) 飞行侦察机（飞行摄像机）；(f) 机器鸟

资料来源：

http://www.goiam.org/uploadedImages/mq1_predator.jpg

http://2.bp.blogspot.com/tGTpv0F2KPc/Tdgnxj36AI/AAAAAAAACis/suKRwhC0IUI/s1600/
Airbus+Airplanes+aircraft.jpg

http://blog.oregonlive. com/news_impact/2009/03/18373141_H12269589.jpg

http://www.strangecosmos.com/images/content/175835.jpg

http://tuebingen.mpg.de/uploads/RTEmagicP_Quadcopter_2_03.jpg

http://someinterestingfacts.net/wp-content/uploads/2013/02/Flying-Robot-Bird-300x186.jpg

海底机器人　这类机器人有十分重要的用途，能够代替人在海底作业[8]。海底作业对人来说既困难又危险。许多机器人能够在海里游泳，亦可在海床和海滩上行走。

41　　　另一些机器人有鱼一样的外形，也能从事有趣的海底作业。还有一些机器人具有龙虾一样的外观。图 4.6 展示了海底机器人的三个实例。

图 4.6　海底机器人：(a) 机器鱼，用于监测水污染；(b) AQUA 机器人，可拍摄珊瑚礁和其他水生生物照片；(c) 龙虾形机器人（自动控制）

资料来源：

http:// designtopnews.com/wp-content/uploads/2009/03/robotic-fish-for-monitoring-water-pollution-5.jpg

http://www.rutgersprep.org/kendall/7thgrade/cycleA_2008_09/zi/OverviewAQUA.jpg

http:// news.bbcimg.co.uk/media/images/51845000/jpg/_51845213_lobster,pa.jpg

其他类型机器人　除了上述海陆空类型的机器人，近些年，机器人学专家研发了各种仿生学机器人，或者将轮、腿、翼结合起来。为了让读者理解有哪些更多类型的机器人，我们在图 4.7 展示了昆虫形机器人、脊柱形机器人和爬楼梯机器人。

图 4.7　三种其他类型的机器人：(a) 昆虫形机器人；(b) 脊柱机器人；(c) 爬楼梯机器人

资料来源：

http://assets.inhabitat.com/wp-content/blogs.dir/1/files/2011/11/Cyborg-Insect-1-537x392.jpg#Insects%20%20537x392

http://techtripper.com/wp-content/uploads/2012/08/Spine-Robot-1.jpg

http://www.emeraldinsight.com/content_images/fig/0490360403006.png

4.3　智能机器人：掠影

智能机器人，即嵌入人工智能以及半自动化或自动化智能控制的机器人，这类机器人引发了后面几章关于最重要的伦理问题的讨论。

因此，简略概述一下智能机器人，将有助于机器人伦理学研究。智能机器人属于特殊类型的机器，遵循萨里迪斯（Saridis）原则，即"**智能增加而精度降低**"[9]。它们有决策能力，能够利用关于自身状态和作业空间环境的多重传感信息，生成和执行各项计划，完成复杂的任务。它们也能监测计划的执行过程，学习以往的经验，改善自身行为，用自然或准自然语言与人类操作者交流。智能机器人的主要特征（不为非智能机器人所具有）是：它能利用指令系统，在事先未知的条件下执行不同的任务。第 4.2.2 节讨论的所有各类机器人，都能够通过嵌入 AI 而成为（并以多种方式已经成为）智能的，并具有不同程度的智能控制。任何智能机器人系统，包括如下几个构成部分：效

42 应器（带有驱动器、电动机、推进器的臂、轮、翼、腿等）、传感器（声音、距离、速度、力量或触觉、视觉等）、计算机（局部控制器、监控器、协调器、执行控制器等）和辅助设备（腕部接口装置、托盘、夹具、平台等）[10-12]。

43   一般来说，智能机器人可以执行以下几类运作：

- 认知
- 知觉
- 规划
- 传感
- 控制
- 行动

上述运作通过几种方式相结合，形成特殊的系统结构，为每一实例所采用，亦为现实的控制行为和任务所要求。建构智能机器人（IR）

运作的一般体系结构，参见图 4.8。

智能机器人系统（Intelligent robotic system, IRS）的计算机与周边世界交流互动，履行**认知**、**知觉**、**规划**和**控制**的功能。计算机也将信息发送给机器人，并接收传感器提供的信息。传感器可以具有完全不同的物理类型，由此获取的全部信息需要由认知（cognition）加以组织。通常，数据库和推理机不仅用于解释认知结果，而且将其纳入严格的秩序，以决定机器人未来运作的策略、规划和控制行为。规划器 / 控制器的目标是生成恰当的控制序列，这是成功地控制机器人所必需的。

智能机器人自主地执行以下四项任务：

• 躲避障碍

• 识别目标

• 路径 / 运动规划

• 定位和绘图（在地标的帮助下）

45

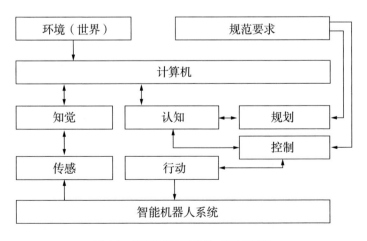

图 4.8 智能机器人系统的一般体系结构

显而易见，大部分认知任务可以分解为两个不同阶段：（1）**识别**；（2）**跟踪**。识别主要以预测／评估为依据，后者由内部地标模型产生。识别、知觉、行为（运动）之间的联合运作及信息交换，可以通过智能机器人控制的所谓"知觉—行动"（perception-action）过程成功地加以描述，参见图 4.9（a）。

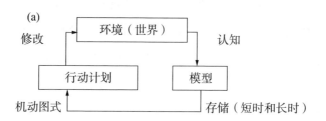

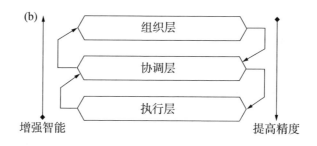

图 4.9　（a）知觉—行动循环；（b）智能机器人系统的三个层级

机器人系统实际上分为以下几类：

- **非自主机器人系统**　这些系统需要控制处理器，执行**脱机**和**联机**的计算指令。

- **半自主机器人系统**　这些系统独立地对环境变化作出反应，实时计算新的路径区段。

- **自主机器人系统**　这些系统要求某种内部协调器的监管，运行的作业计划是系统运作过程中自行生成的。

智能机器人系统是一种分层智能系统，根据萨里迪斯原则，分为
三个主要层级（图 4.9[b]）：

46

- 组织层
- 协调层
- 执行层

组织层接收和分析高级指令，执行高级运作（学习、决策，等
等）。它也获取并解释来自低层级的反馈信息。

协调层由若干协调器构成，每一个协调器均由软件和硬件加以
实现。

执行层包括驱动器、硬件控制器、传感设备（声音、图像，等
等），执行协调层发出的行为程序。

智能机器人系统的控制问题分为两个子问题：

- 逻辑或功能控制子问题，协调事件，使其服从事件序列的限制
  条件。
- 几何或动态控制子问题，决定几何及动态运动参数，诸如，满
  足所有几何的、动态的约束条件和技术参数。

智能机器人控制的其他体系结构（除了萨里迪斯分层体系结构外）
还有 [4, 11, 12]：

- 多重归结体系结构（Multiresolutional architecture, **Meystel**）
- 参考模型体系结构（Reference model architecture, **Albus**）
- 基于行为包容式体系结构（Subsumption behavior based architecture, **Brooks**）
- 基于行为的机动图式体系结构（Motor schemas behavior based architecture, **Arkin**）

4.4 机器人应用

至此，我们根据几何结构和运动功能对机器人分类，阐明机器人如何获得 AI 特征，即讨论了机器人如何能够做事。这里，我们将根据机器人的应用领域对其分类，即看看它们现在做或能够做什么事情。按照应用领域对机器人的一种便捷分类如下：

· 工业机器人

· 医用机器人

· 家用和家务机器人

· 助力机器人

· 救援机器人

· 太空机器人

· 军事机器人

· 娱乐和社会化机器人

4.4.1 工业机器人

工业机器人（industrial robots）或**工厂机器人**（factory robots）代表数量巨大的一类机器人，不过，近二十年来，智能机器人在医疗和社会方面的应用，呈现巨大的"繁荣"。机器人技术在工厂主要用于以下领域[13]：

· 机械装载与卸载

· 材料处理与铸造

· 焊接与装配

· 机械加工与检测

47

·钻孔、锻造，等等

工厂利用移动机器人进行材料处理和产品运送，从一处转移到另一处，以便检测、质量控制，等等。图 4.10 展示运输材料的**自主导引车**（autonomous guided vehicles, AGVs）的几个实例。

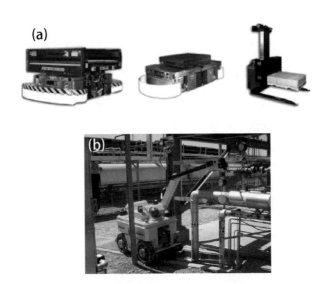

图 4.10　（a）三个 Corecon AGVs（传送机、平台、箱盒码垛机）；（b）工业移动机械手

资料来源：

http://www.coreconagvs.com/images/products/thumbs/thumbR320.jpg

http:// www.coreconagvs.com/images/products/thumbs/thumbP320p.jpg

http://www.coreconagvs.com/images/products/thumbs/thumbP325.jpg

http://www.rec.ri.cmu.edu/about/news/sensabot_manipulation.jpg

4.4.2　医用机器人

医疗领域应用的机器人，用于医院的材料运送、安保和监控、保

48 洁、核辐射区监测、爆炸物处理、药房自动系统、集成手术系统、娱乐等。手术机器人系统代表一种特殊的遥控机器人，有助于外科医生实施精密的外科手术，远比传统的手术更精确、成功率更高[13,14]。机器人辅助手术领域的发展最初是为了军事用途。在传统的外科手术中，外科医生进行一般诊断，制订手术计划，切开病体接近目标解剖结构，运用手上的工具，根据视觉或触觉反馈完成各个步骤，然后缝合切口。现代的麻醉技术、无菌操作以及抗生素，使传统的外科手术极为成功。然而，人类具有一些局限性，大大削弱了这种传统方式的收益。局限性包括以下几点：

- 至今依然很难将医疗影像信息（X光、CT、核磁共振、超声波等等）与外科医生天然的手眼协调（受限的计划和反馈）相结合。

- 医生自然的手颤动使许多解剖结构（如视网膜、微神经、微血管结构）的修复极其漫长、困难或（受精度局限）无法完成。

- 为达到手术目的而必需的切割，造成的创伤往往比实际的修复严重得多。微创方法（例如，内窥镜手术）提供更快的治愈、更短的医院驻留，但严重限制了外科医生的灵敏性、视觉反馈和操作精确度（有限的接近和灵敏性）。

上述困难，可以集成综合计算机机器人手术系统，用自动化的手术加以解决。这些系统运用各种现代的自动化技术，诸如机器人、灵敏的传感器、人机界面等，将病人计算机模型的"**虚拟现实**"与手术室的"**实际现实**"结合起来。

最流行的外科手术机器人之一是**达·芬奇机器人**，一个高达7个自由度的机器人，在三维（3D）显示屏的帮助下，提高外科医生的能力，使他／她能够更精确地实施**微创手术**（minimally invasive

surgery, MIS）[14, 15]。微创手术（亦称腹腔镜或内窥镜手术）仅需 1—3
厘米的切口，用铅笔大小的工具穿过切口，进入自然腔体。传统的外
科手术，医生从切割一条很长的切口（大约 6—12 英寸）① 开始，将
体腔打开，以展现关注的部位。相反，腹腔镜手术则运用内窥镜（将
摄像头插入体腔），帮助医生观察体内状况，不再需要很长的切口。
请注意，较小的切口意味着失血较少，疼痛较轻或感染率较低，缩短
术后恢复时间。医疗 / 手术机器人系统划分为：

CASP/CASE 将计算机辅助手术规划（computer-assisted surgical
planning，CASP）和计算机辅助手术执行程序（computer-assisted surgical
execution，CASE）整合为一体。

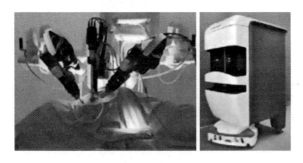

图 4.11　工作中的达·芬奇机器人

资料来源：

https://encryptedtbn1.gstatic.com/images?q=tbn:ANd9GcRnqQZo_kRHSDfdd3ta8n5lagxasG3o4px
O7nY3OvrYXHYeepUtOg

手术增强系统（Surgical augmentation systems）扩展了人类感官运
动能力，克服了传统外科手术的许多局限性。

49

———————————

①　6—12 英寸相当于 15.24—30.48 厘米。——译者

手术辅助系统（Surgical assistant systems）与外科医生合作，使手术助理的许多任务自动化。

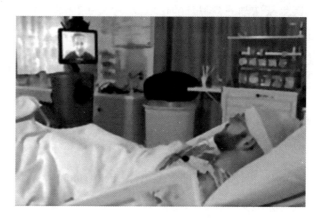

图 4.12　医院移动服务机器人

资料来源：

http:// www.hotsr.com/contents/uploads/pictures/2013/05/Hospital-robot.jpg

的确，机器人外科手术仅在某些情况下成效显著。例如，阑尾切除病人不会从机器人手术中获益更多，而前列腺的手术程序则表明手术机器人发挥了重要作用。图 4.11 展示的是抓拍达·芬奇机器人的手术瞬间，图 4.12 展示的是医院移动服务机器人。

4.4.3　家用和家务机器人

家用和家务机器人（domestic and household robots）是一种移动机器人和移动操作器，用于从事日常家务，诸如清洁地板、清洁泳池、制作咖啡、侍奉服务，等等。能够帮助老年人和有特殊需求人士的机器人，也可归入此类，尽管它们属于更为专业的助力机器人。今天，家用机器人也包括帮助家居的类人机器人[16]。家用和家务机器人有

50

以下几例：

O-Duster 机器人　这种机器人可以清扫瓷砖、油毡、硬木及其他坚硬的地板表面。弹性底座的柔软边缘，可以让机器人轻而易举地触及居室的所有犄角旮旯。（图 4.13）

图 4.13　作业中的 O-Duster 清洁机器人，正在清扫硬木地板。（a）机器人在屋子中部工作；（b）机器人触及屋子的墙角。

资料来源：

http://thedomesticlifestylist.com/wp-content/uploads/2013/03/ODuster-on-Hardwood-floors-1024x682.jpg

http://fortikur. com/wp-content/uploads/2013/10/Cleaning-Wood-Floor-with-ODuster-Robot.jpg

泳池清洁机器人　这种机器人可以爬入池底，完成清洁工作后返回地面。（图 4.14）

Care-O-Bot 3　这种机器人具有高度灵活的手臂，手臂上的三趾手能够抓取家用器皿（瓶子、杯子等）。例如，它可以小心地抓取一瓶橙汁，然后倒入面前托盘上的杯子里（图 4.15）。为了完成这项工作，它装备了许多传感器（若干立体视觉彩色摄像机、激光扫描器以及一台三维摄像机）。

图 4.14 泳池清洁机器人

资料来源：

http:// image.made-in-china.com/ 2f0j00HKjTNcotEfkA/ Swimming-Pool-Cleaner-Robot.jpg

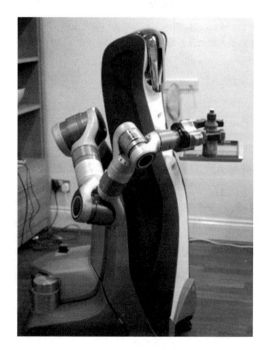

图 4.15 Care-O-Bot 全向家居机器人

资料来源：

http:// www.flickr.com/photos/lirec/ 5839209614/in/photostream/

垃圾车和除尘机 垃圾车式移动类人机器人（Dust cart mobile humanoid robot，图 4.16[a]）是一种垃圾收集器，除尘机式移动机器人（Dust clean mobile robot）用于自动清扫狭窄的街道（图 4.16[b]）。

图 4.16 （a）类人垃圾收集器"Dust cart"；（b）移动机器人街道清扫者"Dust clean"

资料来源：

http://www.greenecoservices.com/wp-content/uploads/2009/07/dustcart_robot.gif

http://www.robotechsrl.com/images/dc_image011.jpg

4.4.4 助力机器人

助力机器人（assistive robots）属于**助力技术**（assistive technology，AT），我们这个时代，由于人口老龄化、护理人员短缺，助力技术成为一个重要的研究领域。助力机器人技术包括所有为有特殊需求人士研发的机器人系统，试图使残障人士达到并保持最佳物理和 / 或社会功能水平，改善他们的生活质量和工作效率[17-19]。有特殊需求人士（PwSN）划分为：

- 丧失下肢控制能力的 PwSN（下肢麻痹患者、脊髓损伤、肿瘤、退化疾病等）
- 丧失上肢控制能力的 PwSN（以及联合自主活动失调）

52   · 丧失时空定向能力的 PwSN（精神或神经心理障碍、脑损伤、中
      风、衰老等等）

今天，具有特殊需求人士可以获取许多聪明的自主机器人帮助，
包括：

(ⅰ) **聪明—智能轮椅**（Smart-intelligent wheelchairs），无需使用人
    驱动轮椅，能够探测和躲避障碍及其他危险。

(ⅱ) **安装机械手的轮椅**（Wheelchair mounted manipulators，
    WMMs），为行动不便者提供最佳解决方案，增强使用者的
    机动力，可搬运物品，承担日常工作。今天，安装机械手的
    轮椅可通过适当界面，用不同方式（人工、半自动、自动）
    进行操作。

(ⅲ) **移动自主机械手**（Mobile autonomous manipulators，MAMs），
    即安装在移动平台上的机械手，可跟随使用者（PwSN）的轮
    椅进入使用环境，亦可在开放环境下执行任务，甚至为几个
    使用者共享。

图 4.17 展示了两种为 PwSNs 设计的机器人轮椅系统。

图 4.17　两款自主轮椅：（a）装有服务机械手的轮椅；（b）运载机器人轮椅，能够穿越
        各种地带，包括爬楼梯

资料来源：

http://www.iat.uni-bremen.de/fastmedia/98/thumbnails/REHACARE-05.jpg1725.jpg

http://www.robotsnob.com/pictures/carrierchair.jpg

4.4.5 救援机器人

自然或人为的灾难，给机器人与人类的有效合作提出独特的挑战。灾难发生地通常对于人类救援造成极大困难，或者根本无法抵达。许多情况下，伴随一些其他困难，往往雪上加霜，如极端温度、放射性射线、强风天气等，影响救援人员采取快速行动。从以往灾难中获取的经验教训，促使许多国家开展这方面的研发，制造胜任的机器人救援者。由于地震频发，日本研制了强大而有效的自主或半自主机器人援救系统。现代的援救机器人轻便灵巧，经久耐用。许多机器人装备了 360° 旋转摄像机，可提供高分辨率影像，各类传感器可以探测体温和捕捉彩色服饰。图 4.18 展示了两例救援机器人。

图 4.18 两例救援机器人

资料来源：

http://www.technovelgy.com/graphics/content07/rescue-robot.jpg

http://www.terradaily.com/images/exponent-marcbot-us-and-r-urban-search-rescue-robot-bg.jpg

4.4.6　太空机器人

54　　　机器人在外太空的应用十分重要，多年来，NASA 与世界各国（德国、加拿大等等）在这方面开展了一系列研究计划。机器人如何在太空高效工作，向工程师提出了若干严峻挑战。地面上使用的大多数类型的润滑油，在太空无法使用，因为那里的条件是超高真空（ultra vacuum）。没有引力促使人们创造一些独特的系统。机器人体内的温度变化，极大程度上取决于机器人处于阳面还是阴面。面向太空的机器人研发的一个子域，是陆地或深海的远程应用，称作**遥控机器人技术**（telerobotics）[20,21]。遥控机器人将标准机器人（固定或移动机器人）与遥控操作器结合起来。遥控操作器直接由手动控制，需要操作者几个小时实时作业。当然，由于人类监控，它们可以执行一次性任务（例如，在核环境下执行任务）。无论与标准机器人相比，还是与遥控操作器相比，遥控机器人都具有更强的能力，因为它所执行的许多任务是二者无法单独完成的。二者的优势被有效利用，局限被缩小到最低限度。

　　NASA 在以下三个研究领域给予巨大的投入和努力[22]：

- 行星和月球表面的遥控操作
- 兼顾科学有效载荷的机器人技术
- 卫星和太空系统维修

这些领域要求高级自动化技术（减少宇航员的工作量）、危险材质的处理、机器人视觉系统、避撞算法等。

　　NASA 第一批奔赴其他星球执行科考任务的航天器，其中一架是 Viking（称作"**海盗登陆者**"，Viking Lander）。Viking 1（海盗 1 号）

围绕火星轨道运行（1997）（图 4.19），携带名为**旅居者**（Sojourner）
的机器人探测车。

图 4.19　NASA 火星探路者 Viking（海盗号）

资料来源：

http://www.nasa.gov/images/content/483308main_aa_3-9_history_viking_lander_1024.jpg

　　较近的火星探测器（Mars Exploration Rover，MER）叫**凤凰号**
（phoenix MER）火星探测器，于 2007 年 8 月 4 日发射，考察火星是
否有水和支持生命的条件存在。加拿大的太空遥控机器人名为"加拿
大机械臂"（Canadarm），计划帮助宇航员将卫星"投放"到太空中，
回收损坏了的卫星。加拿大机械臂装备不同类型灵敏的终端感受器，
使宇航员能够执行高精度的任务。（其中之一见图 4.20）

　　图 4.21 展示高级太空探测车，装备大量探测传感器，从事大气、
地面和生物学实验。

图 4.20 太空遥控机器人"加拿大臂"灵敏的终端感受器

资料来源：

http://www.dailygalaxy.com/photos/uncategorized/2008/03/10/080307dextre_robot_hmed_4pwidec_2.jpg

图 4.21 太空机器人探测车

资料来源：

http://4.bp.blogspot.com/-t6odDvdzXkk/ToXGnOauDCI/AAAAAAAABHE/5PaNDE7gFco/s400/Space Robots.jpg

4.4.7　军事机器人

在机器人的研究和应用领域，围绕战争机器人的设计、研发和制　　55
造获得大规模投入。通常说来，军事机器人活跃于地缘政治的敏感地
区。自主的战争机器人包括导弹、无人战机、无人陆车、无人水下运
行器等 [23,24]。军事机器人，尤其是致命机器人，向人类社会提出了最
严峻的伦理挑战。

陆路军事机器人　图 4.22 展示了两款**无人陆车**（unmanned ground　　56
vehicles，UGV），它们是美国国防部高级研究计划局（DARPA）投资，
由卡内基·梅隆的国家机器人工程中心（National Robotics Engineering
Center，NREC）研制的。这类 UGV 被称作**碾压车**（crusher），适于侦
察和支援任务，有强大载荷能力，包括装甲。

图 4.22　两款碾压式无人陆车（UGV）

资料来源：

http://static.ddmcdn.com/gif/crusher-3.jpg

http://static.ddmcdn.com/gif/crusher-4.jpg

图 4.23 展示了一款陆路"组合增强型武装机器人系统"（modular advanced armed robotic system，MAARs），能够在前线冲锋陷阵，配置了昼夜两用摄像机、各种运动传感器、声学麦克风、扬声器系统等。

图 4.23 组合增强型武装机器人系统

资料来源：

http://asset2.cbsistatic.com/cnwk.1d/i/tim2/2013/05/31/img_maars.jpg

水上军事机器人 图 4.24 展示的是一艘无人扫雷侦察船（亦称"无人感应扫雷系统"，Unmanned Influence Sweep System，UISS），配置了电磁和声学设备。UISS 可替代用于这类工作的直升机。

57　　图 4.25 展示了一种**水下自主运行器**（autonomous underwater vehicle，AUV），可以探测和拆除／摧毁船体水雷以及水下简易爆炸装置（underwater improvised explosive devices，IED）。

图 4.24 无人感应扫雷系统

资料来源：

http://defensetech.org/2013/05/29/navy-developingunmanned-mine-detectionboat/uiss/

图 4.25 HAUV-N 水下 IED 探测拆除器（Bluefin Robotics Corp.）

资料来源：

http://www.militaryaerospace.com/content/dam/etc/medialib/new-lib/mae/print-articles/volume-22/issue-05/67368.res

空中军事机器人 图 4.26、4.27 和 4.28 展示了颇具代表性的几款无人航空器（unmanned aerial vehicles，UAV）。

图 4.26 X-47B 隐形 UAV

资料来源：

http://www.popsci.com/sites/popsci.com/files/styles/article_image_large/public/images/2013/05/130517-N-YZ751-017.jpg?itok=iBZ_S6Sl

http://www.dw.de/image/0,,16818951_401,00.jpg

图 4.27 （a）爱国者导弹发射；（b）激光制导智能炸弹

资料来源：

http://www.army-technology.com/projects/patriot/images/pat10.jpg

http://static.ddmcdn.com/gif/smartbomb-5.jpg

图 4.28　潜艇发射的战斧巡航导弹

资料来源：

（a）http://static.ddmcdn.com/gif/cruise-missile-intro-250x150.jpg

（b）http://static.ddmcdn.com/gif/cruise-missile-launchwater.jpg

X-47B 是一种隐形无人航空器（UAV），与攻击机极为相似。它能在航母上升降，支持空中加油，航程 3380 公里，高度 40000 英尺，高亚音速（high subsonic speed），两个武器舱可分别搭载 2 吨武器弹药。

爱国者导弹（Patriot）是一款覆盖所有高度的全天候远程空防系统，防御战术性弹道导弹、巡航导弹和先进的飞行器。

激光制导智能炸弹（laser-guided smart bomb，Unit-27）配备有计算机、光学传感器，并设置有制导模式（pattern），控制系统指引炸弹，导致反射的激光束击中光电二极管阵列的中心位置，这使炸弹始终对准目标。

4.4.8　娱乐和社会化机器人

娱乐和社会化机器人（Entertainment and socialized robots）是高级自主机器人，配置若干传感器，能够学习社会规则和行为。它们可以用类似人的方式与普通人（非专家）互动。大部分常见的娱乐和社会

58

化机器人具有人的外貌，行动灵活，适应力强。目前，有若干研究机构研发供教育和研究使用的娱乐和社会化机器人，常见的商品化机器人能够书写、跳舞、弹奏乐器、踢足球、与人情感互动等。教育机器人套件用于玩耍和比赛，学生寻求新的方式将其组装起来，创建能工作的机器人。类人机器人和创新形状的机器人，越来越多地在家庭和工作中使用。机器人元件的组合使它们多才多艺、灵活多变[25, 26]。

娱乐和社会化机器人具有的基本社会技能的部分清单如下[27]：

- 在循环往复和长时间的生活环境中，能够与人交流。

- 能够商议和选择，提供"**陪伴**"服务。

- 能够个性化，辨别和适应使用者的爱好。

- 有适应力，能够学习和扩展自己的技能。例如，学会完成使用者教授的新工作。

- 能够以类似人（或许类似宠物）的方式承担陪伴角色。

- 社会技能。机器人被视为同伴，这些技能至关重要。例如，机器人会说"您介意要一杯咖啡吗？"当然很好。但是，当你正在被电视剧所吸引时，恐怕不希望它询问这个问题。

- 机器人与人在同一区域运动时，总能改变路线，避免接近人，特别是当人转向时。

- 机器人能够恰如其分地转动摄像机，借此表示它在关注，以便参与和预期周围环境将发生的变化。

图 4.29 和 4.30 描绘了三种具有代表性的娱乐机器人。

最后，图 4.31 和 4.32 展示的是三种著名的社会化机器人（KASPAR、Kismet 和索尼机器狗 AIBO）。

图 4.29　娱乐机器人：(a) Wowweebots；(b) 机器人酒保 CARL，德国 H & S 机器人公司研发

资料来源：

http://www.bgdna.com/images/stories/Robotics/wowweebots.jpg

http://www.robotappstore.com/images/rasblog/Carl%20the%20robot%20bartender.jpg

图 4.30　类人机器人足球赛

资料来源：

http://www.designboom.com/cms/images/-Z80/rob1.jpg

图 4.31　KASPAR 与儿童互动

资料来源：

https://lh3.googleusercontent.com/Py8bkmZ7QR8/TXbNMwI9g3I/AAAAAAAAekQ/Kxveky_
zhg/s640/Friendly+Kid+Robot+Kaspar+vs.+Helps+Autistic+Children+Learning+Emotion+1.jpg

https://lh4.googleusercontent.com/uL7Q3NtzmL0/TXbNTytKHGI/AAAAAAAAekc/Ctmx5Tl6g_
w/s640/Friendly+Kid+Robot+Kaspar+vs.+Helps+Autistic+Children+Learning+Emotion+4.jpg

61　　　　　KASPAR（Kinesis and Synchronization in Personal Assistant Robot,
个人助理机器人）是一个儿童大小的类人机器人，由赫特福德郡大学
（英国）研制。KASPAR 运用皮肤传感器技术，获得的认知机制可利
用触觉反馈改善人机互动。它可以与孤独症儿童玩耍，以安全而快乐
的方式探索社会交流和互动。[28]

　　　　Kismet 是麻省理工学院（媒体实验室）研制的，取名于土耳其语
"kismet"，意味着"天命"（destiny）或"命运"（fate）。Kismet 是善于
63　表达的机器人，有感知和运动能力。它能读懂音像社交提示。运动系
统可提供发声和面部表情，调整眼睛的注视方向和头部方向。它也可
引导视觉和声音传感器转向刺激源，显示交际信号。关于 Kismet 以及
社交机器人一般特征的充分描述，见本章"参考文献"[29, 30]。

　　　　AIBO（Artificial Intelligence roBOt，人工智能机器人）可以用来陪
伴孤独症患童和失智症老人，作为辅助治疗。[31]

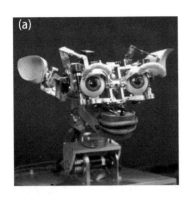

图 4.32　(a) 麻省理工学院的社会化机器人 Kismet；(b) 社会化机器狗 AIBO；
　　　　 (c) Kismet 的几个表情

资料来源：

http://web.mit.edu/museum/img/about/Kismet_312.jpg

http://www.sony.net/SonyInfo/News/Press_Archive/199905/99-046/aibo.gif

http://faculty.bus.olemiss.edu/breithel/final%20backup%20of%20bus620%20summer%202000%20

from%20mba%20server/frankie_gulledge/artificial_intelligence_and_robotics/expressionslips2.jpg

4.5 结语

　　这一章勾勒了机器人学的基本概念，将有助于后面几章关于机器人学伦理问题的讨论。劳动强度大的一类机器人是工业机器人，实际上，它们不需要更多的智能和自主性。需要给予最强烈伦理关注的一类机器人，是自主性海陆空机器人武器。外科手术机器人和有治疗作用的社会化机器人，也提出颇具挑战性的伦理问题。自主机器人武器的支持者称，在战场上，这些武器比人控武器更合乎伦理。自主机器人的反对者则说，自主性致命武器完全不可接受，必须禁止。外科手术机器人的使用表明，它在许多情况下可以提升手术质量，不过，若发生故障，将使伦理和法律责任复杂化。助力机器人服从所有医疗伦理规程，强调选择最佳设备，切实帮助用户做他／她难以做到的事情。最后，社会化机器人，尤其那些用于儿童社会化和陪伴老人的机器人，容易导致用户对机器人的情感依赖，弱化人的关心、用户的意识以及用户隐私的伦理关注等，具体见第 8 章。

参考文献

[1] Freedman J (2011) Robots through history: robotics. Rosen Central, New York

[2] Angelo A (2007) A reference guide to new technology. Greenwood Press, Boston, MA

[3] McKerrow PK (1999) Introduction to robotics. Wesley, Reading, MA

[4] Tzafestas SG (2013) Introduction to mobile robot control. Elsevier, New York

[5] de Pina Filho AC (ed) (2011) Biped robots. In Tech, Vienna (Open Access)

[6] Webb B, Consi TR (2001) Biorobotics. MIT Press, AAI Press, Cambridge, MA

[7] Lozano R (ed) (2010) Unmanned aerial vehicles: embedded control. Wiley, Hoboken, NJ

[8] Roberts GN, Sutton R (2006) Advances in unmanned marine vehicles. IET Publications, London, UK

[9] Saridis G (1985) Advances in automation and robotics. JAI Press, Greenwich

[10] Tzafestas SG (1991) Intelligent robotic systems. Marcel Dekker, New York

[11] Antsaklis PJ, Passino KM (1993) An introduction to intelligent and autonomous control. Kluwer, Springer, Norwell, MA

[12] Jacak W (1999) Intelligent Robotic systems: design, planning and control. Kluwer, Plenum,New York, Boston

[13] Nof S (1999) Handbook of industrial robotics. Wiley, New York

[14] Speich JE, Rosen J (2004) Medical robotics, encyclopedia of biomaterials and biomedical engineering 983–993

[15] Da Vinci Surgical System. http://intuitivesurgical.com

[16] Schraft RD, Schmierer G (2000) Service robots. Peter AK, CRC Press, London

[17] Katevas N (2001) Mobile robotics in healthcare. IOS Press, Amsterdam, Oxford

[18] Cook AM, Hussey SM (2002) Assistive technologies: principles and practice, St. Luis, Mosby

[19] Tzafestas SG (ed) (1998) Autonomous mobile robots in health care services (special issue). J Intell Robot Syst 22(3–4):177–374

[20] Sheridan TB (1992) Telerobotics, automation and human supervisory control. MIT Press,Cambridge, MA

[21] Moray N, Ferrell WR, Rouse WB (1990) Robotics control and society.

64

Taylor & Francis,London

[22] Votaw B. Telerobotic applications. http://www1.pacific.edu/eng/research/cvrg/members/bvotaw/

[23] White SD (2007) Military robots. Book Works, LLC, New York

[24] Zaloga S (2008) Unmanned aerial vehicles: robotic air warfare 1917–2007. Osprey Publishing, Oxford

[25] Curtiss ET, Austis E (2008) Educational and entertainment robot market strategy, marketshares, and market forecasts 2008–2014. Winter Green Research, Inc, Lexington, MA

[26] Fong T, Nourbakhsh IR, Dautenhahn K (2003) A survey of socially interactive robots. RobotAuton Syst 42(3–4):143–166

[27] Dautenhahn K (2007) Socially intelligent robots: dimensions of human-robot interaction. Philos Trans-Royal Soc London Biol Sci B 362:679–704

[28] Dautenhahn K, Robins B, Wearne J (1995) Kaspar: kinesis and synchronization in personal assistant robotics. Adaptive Research Group, University of Hertfordshire

[29] Breazal CL (2002) Designing sociable robots. MIT Press, Cambridge, MA

[30] Breazeal CL (2000) Sociable machines: expressive Social Exchange between Humans and Robots. Ph.D. Thesis, Department of Electrical Engineering and Computer Science, Cambridge, MA

[31] Stanton CM, Kahn PH Jr, Severson RL, Ruckert JH, Gill BT (2008) Robotic animals might aid in the social development of children with autism. In: Proceedings of 3rd ACM/IEEE international conference on human robot interaction. ACM Press, New York

第 5 章

机器人伦理学：应用伦理学的分支 [①]

你要知道，我们凭借人工智能创造的任何事情，都没有自由意志。　65

——克莱德·狄索萨（Clyd Dsouza）

底线是，机器人必须有响应和复原能力。它们必须能够自我保护，而且，必要时，能够顺利地将控制权转交给人类。

（"想要负责任的机器人吗？就从负责任的人开始。"）

——戴维·伍兹（David Woods）

5.1　导论

正如我们在第 2 章讨论的，**应用伦理学**是伦理学的一个分支，其基本模式是从伦理学理论（一套道德／伦理学指南）出发，然后将其用于人类生活和社会的特殊领域，以摆脱其伦理困境。同样，**机器人**

---

① © Springer International Publishing Switzerland 2016

S.G. Tzafestas, Roboethics, Intelligent Systems, Control and Automation:

Science and Engineering 79, DOI 10.1007/978-3-319-21714-7_5

伦理学是应用伦理学的一个分支，关注以下三个论题[1]：

- 创造和使用机器人的人的伦理学
- 嵌入机器人的伦理系统
- 人如何对待机器人的伦理学

在机器人伦理学的框架中，必须考虑以下问题：

- 机器人在未来扮演什么样的角色？
- 将伦理准则嵌入机器人是否可能？如果可能，那么，通过给机器人编程使其遵守这些准则是否合乎道德？
- 如果机器人造成伤害，谁来负责，负什么责？
- 有哪些类型的机器人根本不应该研制？为什么？
- 应当如何拓展人类的伦理学，使其可能用于人—机器人的组合行为？
- 产生与机器人的情感联结有否有风险？

66   关于机器人伦理学，机器人科学家持有三种基本立场[2]：

- **对机器人伦理学不感兴趣**   这些科学家认为，机器人研发者的行为是纯粹技术性的，他们的工作不担负道德或社会责任。
- **对短期机器人伦理学论题感兴趣**   持这种态度者根据**好**或**坏**（good or bad）考察伦理效应，接受某种社会或伦理价值。
- **对长期机器人伦理学论题感兴趣**   持这种态度的机器人专家，从全球的长远视角出发，表达他们对机器人伦理学的关怀。

一般说来，技术和计算机的进步不断增加人们对自动化和机器人的信赖，促进自主系统和机器人与人类共同生活。因此，针对机器人的创造和使用进行伦理学考察，既有**短期**意义，亦有**长期**意义。机器人伦理学是以人为中心的伦理学，因此，必须与国际人权组织采用的法律和伦理原则相容。

本章的目的，是勾勒若干年来机器人科学家们提出的机器人伦理学的一些基本问题。

本章尤其要：

- 对机器人伦理学进行初步的一般性讨论。
- 展示自上而下的机器人伦理学进路（如，义务论机器人伦理学、后果论机器人伦理学）。
- 讨论自下而上的机器人伦理学进路。
- 描述人—机器人共生的基本要求。
- 探讨与机器人权利相关的一些问题。

5.2 机器人伦理学的一般性讨论

机器人学本身是一个非常敏感的领域，因为机器人比任何可能制造出来的计算机（或任何其他机器）都更接近于人——无论形态上，还是字面上 [3]。这是因为机器人的形状和形式，让我们想起了自己。绝对不能脱离当今社会的社会技术考量，独立研究机器人。科学家应该时刻谨记，机器人（以及其他高科技产品）可以影响社会如何发展，许多情况是设计研制时无法预测的。人类关注机器人学的一个重要部分是**机器人伦理学**。给予机器人的**自主性**越多，对其道德和伦理敏感性的要求就越多 [4]。目前，关于机器人，尤其是具有认知能力（智能）的机器人，尚无特殊的立法。从法律角度看，人们对待机器人的方式与对待其他机器设备和人工产品的方式一样。这或许基于如下一

个事实：具有完备智能和自主性的机器人尚未运行，或者，尚未进入
市场。不过，许多机器人学家持有一种观点：人工智能和机器人工程
迅猛发展，依照目前的速度，很快就需要相应的法律。

正如本章导论所言，阿莎罗（Asaro）[1]指出，机器人伦理学有三
个不同的方面：

- 如何设计使机器人的行为合乎道德？

- 人如何必须道德地行事，铁肩担道义？

- 理论上讲，机器人能够成为完全的道德行为体（ethical agents）吗？

所有这三方面的问题，必须在机器人伦理学的可行框架下获得解
决。因为这三个方面代表不同的面向，表明在包括机器人在内的社
会—技术框架下，应当如何分配道德责任，应当如何对人和机器人加
以约束。

对机器人（或其他自主行为体）的首要要求是不得造成伤害。
澄清道德行为体的模糊地位，解决人类伦理困境或者伦理学理论问
题，是绝对必要的，但只是第二位的。这是因为机器人具有更多的功
能（和复杂性），就必须研发更先进的安全控制措施和系统，防止致
命的危险和潜在的伤害。这里需要指出，机器人的危险与我们社会
（从工厂到互联网、广告、政治制度、武器等）的其他人工产品带来
的危险没有什么不同。正如第4章所说，制造机器人为了一个目的，
即代替我们承担任务，将人从各类繁重或危险的劳动中解放出来。
但是，它们并不能代替我们过日子，也不能消除我们过日子的需求
或欲望。

许多情况下，工厂或社会的意外事故被归咎于机械缺陷，但是，
我们很少将道德责任归咎于机械缺陷。这里，我们要提及美国步枪协

会（National Rifle Association）的口号："枪不杀人，人杀人。"这并不完全正确。实际上，是"人 + 枪杀人"[5]。依照这种观点，在车辆事故中，应该是"人类司机 + 车"的行为体为事故负责。

在机器人伦理学中，承认人的智能与计算机或机器人的智能之间存在着根本差异，至关重要；不然，我们很可能得出错误的结论。例如，我们相信，人的智能是唯一的智能，我们的欲望是获取权力，于是，我们据此假定，其他智能体系也渴望权力。然而，例如**深蓝**(deep blue)，虽然能够在棋盘上"战胜"世界国际象棋冠军，但是，它绝对不代表任何权力，其程序中亦没有人类社会的任何地盘[6]。

目前，尚不存在全智能机器人，因为要制造一个完全的人工智能机器人，还有许多障碍必须克服。其中包括两个重要障碍：**认知**（cognition）和**创造力**（creativity）。这是因为，至今仍然没有认知和创造力的综合模型。生物 / 非生物、意识 / 无意识范畴的边界尚未明确，而且还引发了文学和哲学领域的激烈争论。即便划定了令人满意的边界，依然无法确定，回答上述伦理问题是否会更容易些[1]。

当然，对于自主、尊严和道德，不同文化有不同看法。因此，在不同文化影响下未来所可能研发的**"伦理机器人"**（ethical robots），或许会嵌入不同的伦理准则，使机器人从一种文化转移至另一种文化变得十分复杂。不过，尽管道德准则有文化间的差异，但是仍有许多共同之处。准则的共同部分被称作**"道德的深层结构"**（moral deep structure）。"多元文化的机器人伦理学"（multicultural roboethics）问题[7]将在本书第 10 章予以讨论。

近些年来，有大量论文和著作问世，采取不同的伦理学观点透视特定的机器人伦理学问题。需要指出，事实上很难界定可被普遍接受

68

的伦理学原则，同样，似乎也很难（如果并非不可能的话）将所有这些尝试看作同质的。

按照沃利奇（Wallach）的解释，机器人（机器）伦理学的实现有两个基本进路：

- **自上而下的进路**（top-down approach）：这一进路指定一些支配道德行为的伦理规则或原则，通过机器人系统具体体现出来。
- **自下而上的进路**（bottom-up approach）：这里，遵循类似进化心理学或发展心理学的方式，学习如何针对道德考量作出合适的响应。很像成长中的儿童，以社会处境和经验为基础，学习"道德"（什么是正确的，什么是错误的）。

5.3　自上而下的机器人伦理学进路

自上而下的进路，既适用于义务论理论，也适用于后果主义 / 功利主义理论。

5.3.1　义务论机器人伦理学

伦理学的义务论进路，诸如康德的**绝对命令**（categorical imperative）、功利主义、十诫(Ten Commandments)或阿西莫夫定律(Isaac Asimov's Laws）等，都具有高度的灵活性，不过，它们太宽泛，或者太抽象了，因此，很少适用于具体的境况。我们在第 2 章已经看到，在义务论中，行为的评估是根据行为本身，而不是凭借它们产生的后果或效用。行为履行**"道德义务"**，可以看作先天正确（或错误），与其引发的现实结果无关。

关于机器人学，提出的第一个伦理体系是**阿西莫夫三定律**（Asimov's laws），三定律首次出现在故事《**环舞**》（*Runaround*）里 [8]。

这三个定律是：

第一定律——机器人不得伤害人，也不得见人受到伤害而袖手旁观。

第二定律——机器人应服从人的一切命令，但不得违反第一定律。

第三定律——机器人应保护自身的安全，但不得违反第一、第二定律。

后来，阿西莫夫补充了一条定律，命名为"**第零定律**"，因为它比上述三定律更重要。该定律称：

第零定律：机器人不得损害人类，不得袖手旁观，坐视人类遭受伤害。

这些定律都是**以人类为中心**（人类中心论，anthropocentric），它们认为，机器人的作用是为人服务，而且暗示，无论遇到什么情况，无论情况多么复杂，机器人都有充分的智能（知觉、认知）依照规则作出道德决策。

S. S. 艾尔 – 费达吉（Al-Fedaghi SS）[9]，详细阐述了这些规则，以支持逻辑推论。为此，可以运用适当的分类图式分解伦理行为，从而大大简化决策过程，方便在复杂的情况下，判定机器人采取哪些行动是最合乎道德的。鉴于目前智能机器人的成熟程度，这些定律尽管高雅而简朴，眼下却不能为机器人伦理学提供实际可行的基础。不过，阿西莫夫定律虽然是虚构的，但当今若对机器人的活动、关注和使用

69

进行伦理、法律以及政策的考察，它们似乎依旧占据重要位置。

现代**义务论伦理**体系包括以下 10 个规则 [10, 11]：

1. 不杀人	6. 不欺骗
2. 不导致痛苦	7. 信守承诺
3. 不致残	8. 不作假
4. 不剥夺自由	9. 守法
5. 不使人失去快乐	10. 尽职尽责

这是一个多规则的伦理体系，而且，如同所有多规则体系一样，它有可能面临规则之间的冲突。在处理规则冲突问题时，人们可以将伦理规则看作**颁布当然的职责**（dictating prima facie duties）[12]。这意味着，例如，某行为者许下一个诺言，它就有义务信守这个诺言。就其他同类事物而言，都应该信守它们的诺言。规则可以有例外，源于其他规则的道德考量可能践踏某一规则。如 B. 格特（Gert B）[10] 所说，这些规则并非是绝对的。提供一种方式，以决定什么情况下不必遵守某一规则。该规则表述如下：

"每个人始终服从某一规则，除非一个公正理性的人辩称，违反它是公众认可的。倘若公正理性的人无法表明，违反它可以得到公众的认可，那么，凡违反这一规则的人，将受到惩罚。"

阿奎那以自然法为基础的美德体系包括信、望、爱、审慎、刚毅、节制和正义。前三个是"神学的美德"，其他四个是"人的美德"。因此，就规则（义务论）形式而言，这一体系是：

• 有信仰的行为

• 有希望的行为

- 有爱的行为

- 审慎的行为

- 刚毅的行为

- 有节制的行为

- 正义的行为

它们同样适用于一切美德伦理学体系（亚里士多德、柏拉图、康德，等等）。所有这些体系都可以采用基于规则的义务论系统形式。

S. 布林斯乔德（Bringsjord S）和 J. 泰勒（Taylor J）[12, 13] 主张，一个道德正确的机器人，必须满足（**迫切需要**）如下条件：

D_1：机器人只施行获准的行为。

D_2：机器人义不容辞的所有相关行为，实际上都是由机器人实施的，它们受制于可能行为的连结与冲突。

D_3：所有获准的（或义务的、或被禁止的）行为，均可以由机器人（在某些情况下为联动系统，例如，监控系统）的获准（或者义务的，或者被禁止的）予以**证明**，而且，所有这些证明，都可以用日常英语加以解释。

上述伦理学体系可以用于自上而下的模式。S. 布林斯乔德和 J. 泰勒 [13] 讨论了四个自上而下的进路：

进路 1：根据运用道义逻辑的伦理学理论，直接将伦理学准则形式化，并运行实施 [14]。

标准的**道义逻辑**（standard deontic logic，SDL）有两个推理规则、三个公理 [13]。SDL 有许多有用的特征，但是，并未将作为行为者义务的（获准的或被禁的）行动概念形式化。J. 霍尔蒂（Horty J）[15] 提出一个 AI 友好的（AI-friendly）语义学，运用相关论文 [16] 中研究的公理化方法，在一个道德敏感的个案研究（运用道义逻辑）中，制约两个机器人的行为。

进路 2：机器人伦理学的范畴论进路（category theoretic approach）。

这个理论进路是一个非常有用的形式化方法，用于许多领域：从基于集合论的数学基础 [17] 到函数编程语言 [18]。相关研究 [19] 中，机器人 PERI 被设计出来，它有能力作出正确的伦理决策，从范畴论的视角出发，运用不同的逻辑系统进行推理。

进路 3：原则主义（principlism）

这一进路运用**当然责任**（prima facie duties）理论（罗斯，Ross）[20]。医学伦理学考量以下三个职责：

- 自主性（autonomy）
- 仁慈（beneficence）
- 不作恶（nonmaleficence）

根据人们的理解，**自主性**意味着"允许病人自己决定治疗方式"；**仁慈**意味着"帮助病人康复"；**不作恶**则意指"不伤害"。这一进路被用于建言系统（advising system）**Med Eth Ex**，通过计算归纳逻辑，借助生物伦理学作出的判断，推断出若干套一致的伦理规则。

进路 4：交战规则（Rules of Engagement）

R. 阿尔金（Arkin R）[21] 提出一个综合性体系结构，试图对有毁灭力量的自主机器人给予道德制约。为此，研发一种计算框架，运用道义逻辑，以及深入综合性体系结构的诸要素，利用特殊的军事交战规则约束机器人，告诉它什么是允许做的。这些交战规则，被称作"**控制致死机器人的伦理准则**"（ethical code for controlling a lethal robot）。它们可以由某个社会或国家颁布，或者，它们具有功利主义性质，或者，完全不同，被人看作直接来自上帝的。S. 布林斯乔德和 J. 泰勒[13]主张，这种自上而下的义务论准则，虽然并非广为人知，却为通往众所周知的"**神令伦理学**"（divine command ethics）提供了一条非常严格的进路[22]。

5.3.2　后果论机器人伦理学

按照**后果论**理论，行为是否合乎道德，必须凭其结果判断。当下最好的道德行为，是导致未来最好结果的行为。在功利主义理论中，判定或预测未来最好的结果，需要运用某种**善的尺度**（goodness measure）。这一进路的缺陷我们在本书 2.3.3 节讨论过。实际上，功利主义利用数学架构，计算所有行为的"**善**"（goodness）——不论善是如何界定的，并且，取善的最大值，借此决定最佳的行为选择。

倘若机器人能够遵循后果论 / 功利主义的伦理学理论来推理和行动，那就必须满足以下基本要求：

• 能够描述世界的每一种情况。

• 能够产生有选择性的行动。

• 能够根据当下情况，预测采取某一行动后将产生什么情况。

• 能够根据善或功用评估某一情况。

这些要求并不意味着机器人必须具有高级人工智能特征，机器人只需要具备高级计算功能，而其行为是否在道德上正确，则由用以评估情况的"**善**"的标准来决定。事实上，若干年来已经提出许多评价

72

标准，它们通过"**合计的**"（aggregate）方法，用社会中所有个体的快乐抵消痛苦。明确地说，令 m_{p_i} 表示个人 i 的快乐（或善）的程度，h_i 表示分配给每个人的权重。于是，效用标准的函数被最大化，具有以下通式：

$$J = \sum_i h_i m_{p_i}$$

其中，i 扩展到群体中的每一个人。

- 在理想的（**普遍主义的**）功利主义进路中，所有人的权重相等，即每个人都等量计算。
- 在**利己主义的**（egoist）进路中，利己主义个人的权重是 1，所有其他个人是 0。
- 在**利他主义的**（altruist）进路中，利他主义者的权重是 0，所有其他个人均为正数。

人们普遍承认，功利主义的基本缺陷是：**它并非必然公平**。尽管功利主义强调社会整体的收益，但是，它无法保证每个个体的基本人权和善［利好］得到尊重 [21]，因此，其接受度有限 [23]。解决这种正义问题的一个进路是：将更高的权重值分配给目前不太幸福或不太安乐的人，即**较少幸运者**的幸福比较多幸运者更重要。大量统计学研究证明，只有很少一部分人符合功利主义的理想（对于所有的 i、j，$h_i \equiv h_j$）。例如，大多数人认为他们的亲属或者他们的熟人更重要，也就是说，他们会把更大的 h_i 值赋予他们的亲属或熟人。权重选择方法依赖于行为者的价值观或价值论。这里的基本争论是："确切地说，m_{p_i} 的尺度究竟是什么？"**快乐主义的**（hedonistic）态度是：好是愉快，坏是痛苦，而在其他情况下，伦理学的目的是使幸福最大化。

5.4　自下而上的机器人伦理学进路

在这一进路中，机器人具备计算能力和 AI 功能，能够以某种方式适应不同的境况，因而能够在复杂情况下采取正确的行为。换句话说，机器人能够学习：开始，运用一套传感器感知世界；进而，根据传感数据规划行为；最后，予以实施[24]。通常，机器人不直接实施规划好的行为，而是经由中介修正过程。这个过程类似于儿童的道德学习，需要通过父母的教育、解释，强化善的行为，学习如何行事。总而言之，这类道德学习属于**试错**（trial-and-error）框架的范畴。麻省理工学院（MIT）已经研制出这种类似儿童学习的机器人，命名为"Cog"。Cog 的学习数据是从周围人群获取的[25, 26]。它所运用的学习工具是所谓**神经网络学习**（neural network learning），具有亚符号性质，其意义在于，所运用的突触权重矩阵（matrix of synaptic weights）并非清楚明白的符号，不可能直接加以解释[27]。必须强调指出，当神经网络学习（权重 weights）用于新的情况时，不可能准确预测机器人的行为。这在某种程度上意味着，机器人制造商不再是机器人行为的唯一负责人。责任由机器人制造商与机器人所有者（用户）共同承担，前者是机器人专家，设计和实施学习算法；后者则并非机器人专家。这里，我们遇到了伦理学问题：在所有情况下（甚至与学习机器人在一起），必须确保人在人—机器人的互动过程中，扮演决策者的角色；同时也会遇到法律问题：责任应由机器人所有者与制造商共同承担。相关研究[4, 28]广泛讨论了机器人伦理学自下而上进路与自上而下进路，表明一个有伦理学习能力的机器人，既需要自上而下的进路，亦需要自下而上的进路（适当的混合进路）。一些伦理规则具体

体现在自上而下的模式中，另一些规则则是通过自下而上的模式习得的。显而易见，混合进路更强大，因为自上而下的原则适用于全面性指导，同时，系统亦拥有自下而上进路的灵活性和道德适应性。

《道德的机器》一书[4]认为，机器人的道德分为：

• 操作的道德（operational morality）

• 功能的道德（functional morality）

• 完整的道德（full morality）

就**操作的道德**而言，道德的意义和责任完全在于设计和应用的人，远非完全的道德行为者。计算机以及机器人学家和工程师在设计目前的机器人和软件时，通常能够预测机器人将面临的一切可能发生的情况。

功能的道德指具有道德判断能力的机器人，在决策行为的过程中，无需人自上而下的指令。在这种情况下，设计者不再可能预测机器人的行为及其后果。

完整的道德指智能机器人能够完全自主地选择自己的行为，并为其负责。实际上，可以将道德决策视为工程安全的自然扩展，延伸到更智能、更自主的系统。

5.5 人—机器人共生的伦理学

74

人—机器人共生（human-robot symbiosis，即共同生活、合伙关系）的主要目的，是填补完全自主机器人与人控机器人之间的裂隙。在任何情况下，机器人系统都必须包含人的需求和偏好。在实践中，必须对人和机器人的工作进行动态的细分，以至于能够优化系统（**共享自主性**）准许的任务范围、精确性以及工作效率。为此，应当解决以下几个基本的技术问题[29]：

- 人—机器人交流
- 人—机器人体系结构
- 自主性机器学习
- 自主性任务规划
- 自主性执行过程监控

人—机器人系统必须被视为多行为者系统（multi-agent system），其中，人—机器人的互动分解为：

- **身体部分**（physical part），指人与机器人的身体结构。
- **传感部分**（sensory part），指人与机器人彼此之间以及与世界之间传递信息所凭借的通道。
- **认知部分**（cognitive part），指系统的内部功能问题。对于人，包括心灵和情感状态。对于机器人，包括推理模式以及传达意向的能力。

人类行为者由一些专门的行为体支持。主要包括：

- **监控行为体**（monitoring agent），被动监控人的特征（例如，身体特征和情感状态）。其实施需借助一些技术（例如，语音识别、声音定位、运动探测、脸部识别等）。
- **互动行为体**（interaction agent），有能力操纵更积极主动的互动功能，如通过互动行为体控制交流，或者，通过伦理/社交行为体构建与人互动的模型。
- **伦理社交行为体**（ethical social agent），包含一套互动的伦理和社

交规则，能够使机器人施行伦理行为，并根据公认的整个伦理 / 社交处境，与人互动。

在共生系统中，人与机器人合作决策，操控执行复杂的动态环境里的任务，以期达到共同目标。千万不要将人看作共生系统的部件，与机器人或计算机同等对待。人—机 / 机器人系统有漫长的历史。例如，《人机共生》[30] 这样描述人—机共生系统的景象：

75

"人将设定目标、表述假设、确定标准、进行评估。计算机将按照程序工作，为技术和科学思维的洞见和决策铺平道路。"初步分析表明，共生合作关系有助于实施智能的运作，远比人的单独操作有效得多。

《伦理与机器人技术》[31] 提出人—机器人共生系统的一些重要问题：

- 今天，信息技术设备仅由计算机科学家和工程师研发，这一事实的后果是什么？
- 就机器人而言，主—奴关系的意义是什么？
- 在不同的设置中，机器人作为伙伴的意义是什么？
- 制造社交机器人如何体现我们的自我理解？这些机器人如何影响我们的社会？

这些问题以及其他问题，近些年来已经引起高度关注，而且有许多不同的回答，同时伴随许多新问题的出现。

5.6　机器人的权利

现代西方法律认为，机器人是无生命的行为体，没有义务或权利。机器人和计算机不是法人，在司法体系中没有地位。因此，机器人和计算机不可能是罪犯。死于机器人之手的人不是被谋杀。但是，倘若机器人有部分的自我意识和自我保护感，能够作出道德决策，那将发生什么？这些道德机器人应该拥有人的权利和义务，还是应该具有其他的权利和义务？这些问题引发科学家、社会学家以及哲学家的广泛讨论与论争。

许多机器人学家预想，几十年后机器人会有感情，因此需要保护。他们主张，必须制定 **"机器人权利法案"**（Bill of Rights for Robots）。人类需要对自己研发的机器人感同身受（empathy），机器人对于人类（它们的创造者）的感同身受，也必须编入程序。他们相信，感同身受的力量越强，人与机器人的暴力和伤害行为就越少。正如《机器人的权利之梦》[32] 所说："未来的希望不单纯是技术，我们所有人，人与机器人，若要生存和繁荣，感同身受的能力是必需的。"

承认有意识、有情感的机器人不是所有物（objects of property），而是具有道德地位和利益的存在者（beings），其难题在于：

"我们如何辨认机器人真的有意识，而非由程序控制，纯粹'模仿'意识？如果机器人只是简单地模仿意识，那就没有理由承认它的道德或法律的权利。"不过《类人机器人是否应该拥有权利?》一文宣称："如果未来制造的机器人具有类似人的能力（humanlike capabilities），包括意识，就没有理由认为机器人没有真正的意识。"这

76

可以看作赋予机器人合法权利的起点。[33]

《将法律权利扩展到社交机器人》（以下简称《扩展》）探究人将社交机器人人格化的倾向，借以讨论机器人的权利问题。当动物展现的行为更容易与人的意识和情感相关联时，这种倾向大大增强。有人认为，社交机器人是专门研发的，以凸显人格化的特性和能力，而且实践中，人与社交机器人的互动，完全不同于与其他人工产品的互动，因此，为它们提供某种保护，符合我们现行的立法规则，尤其类似于《反虐待动物法》（*animal abuse laws*）。《扩展》一文[34]展开另一个论证，讨论将法律保护扩展至机器人伴侣／社交机器人的可能性，其根据是：把法律目的看作**社会契约**。法律的制定和运用是为了支配行为，获取社会更大的善，即法律必须用来影响人的偏好，而不是相反。这暗示，必须用功利主义方法评估整个社会的成本和收益。如果法律的目的是反映社会规范和偏好，就应该考虑对机器人权利（如果存在的话）的社会期望，将其转换为法律。《扩展》一文[34]基于康德主义保护动物的哲学论证，将这种保护推及**社会化机器人**（socialized robots），逻辑上是合理的。不过，这在实践上有困难，即如何以法律的方式界定"社会化机器人"的概念。总而言之，社会化机器人／机器人伴侣（诸如 8.4 节所描述的）是否应当得到法律上的保护问题，是非常复杂的。

相反，许多机器人研究者和科学家强烈反对赋予机器人以道德或法律的责任，或合法权利。他们认为，机器人完全是为我们所有的，机器人学的潜能应该解释为拓展我们的能力，实现我们目标的潜在可能性[35-37]。《机器人应该为奴》[35]聚焦于制造和运用"机器人伴侣"的伦理学，并断言："机器人的制造、营销以及法律的考量，应该将其当作奴隶，而非同伴。"对这个陈述的解释是："机器人应该为奴"并不意味着，"机器人应当是你拥有的人"，而是意味着，"机器人应当是你拥有的仆人"。

《机器人应该为奴》提出以下几个主要论断：

- 有仆人好（good）且有用，只要没有人因此失去人性。
- 机器人可以是一个不是人的仆人。
- 人们拥有机器人是正当的，且自然的。
- 让人们相信他们的机器人是人，是不正当的。

《机器人应该为奴》提出推理：机器人完全是我们的责任，因为实际上，我们是机器人的设计者、制造者、所有者和使用者。它们的目标和行为由我们决定，或者是**直接的**（规定其智能），或者是**间接的**（规定它们如何获得智能）。机器人的所有者对机器人没有任何伦理义务，机器人只是他们的财产，像所有人工制品一样，超脱于社会的人情世故和礼仪规范。总之，《机器人应该为奴》[35] 提出的论点是："机器人一旦进入伦理学领域，就是工具，像任何其他人工制品一样。自主机器人确实增加了动机结构和决策机制，然而正是**我们**选择了那些动机并设计了其决策系统。它们所有的目标，都源于我们……因此，我们并不对机器人负有责任，而是对社会负有责任。"

5.7　结语

在这一章，我们将机器人看作社会技术行为者，讨论了由此引发的机器人伦理学的基本问题。机器人伦理学与机器人自主性密切相

77

关。机器人不断进步，具有更多的自主性或更强的认知特征，成就斐然，从而引发机器人伦理学的问题。阿西莫夫定律是人类中心的，默认机器人能够获得充分的智能，以至于能够在任何情况下，作出正确的道德决策。一些作者以这些定律为基础，阐发更实在的义务论性质的法则。这些法则以及后果论性质的规则，通过自上而下的进路输入机器人的计算机。将伦理行为赋予机器人还有另一种方式：自下而上的伦理学习进路（例如，通过神经学习或其他学习图式）。本章考察的另一个问题，是人—机器人共生的伦理问题。人—机器人的融合超出单一个体的水平，由此提出一个问题：社会如何能够或应当如何看待人—机器人的社会。其中自然也包括人与机器人权利的问题。机器人权利的问题难免引发激烈的争论。这里需要提出，日本和韩国已经开始制定政策和法规，指导并管理人—机器人的互动。为阿西莫夫定律所激励，日本政府颁布了一套官方条款，要求"在中央数据库里，记录和交流机器人对人产生的任何伤害"。韩国出台了人—机器人互动的伦理准则（《机器人伦理学宪章》，Robot Ethics Charter），规定编入机器人程序的伦理标准，并限制人类滥用机器人的某些潜在可能性 [38]（见本书 10.6 节）。实际上，不存在为人普遍接受的单一道德理论，只有几个为人普遍接受的道德规范。另外，尽管对案例有多种多样的法律解释，法官们亦持不同意见，但是，立法体系似乎提供了一个可靠的架构，力求通过出色的工作，解决民法和刑法方面的责任问题。因此，从法律责任的视角开始思考，更有可能找到正确、实用的答案。

参考文献

[1] Asaro PM (2006) What should we want from a robot ethics? IRIE Int Rev Inf Ethics 6(12): 9–16.

[2] Verrugio G, Operto F (2006) Roboethics: a bottom-up interdisciplinary discourse in the field of applied ethics in robotics. IRIE Int Rev Inf Ethics 6(12): 2–8.

[3] Lichocki P, Kahn PH Jr, Billard A (2011) A survey of the robotics ethical landscape. IEEE Robot Autom Mag 18(1): 39–50.

[4] Wallach W, Allen C (2009) Moral machines: teaching robots right from wrong. Oxford University Press, Oxford.

[5] Latour B (1999) Pandora's hope: essays on the reality of science studies. Harvard University Press, Cambridge.

[6] Hsu FH (2002) Behind deep blue: building the computer that defeated the world chesschampion. Princeton University Press, Princeton.

[7] Wagner JJ, Van der Loos HFM (2005) Cross-cultural considerations in establishing roboethics for neuro-robot applications. In: Proceedings of 9th IEEE international conference on rehabilitation robotics (ICOOR'05), Chicago, LL, 28 June–1 July 2005, pp 1–6.

[8] Asimov I (1991) Runaround. Astounding science fiction, Mar 1942. Republished in Robot Visions. Penguin, New York.

[9] Al-Fedaghi SS (2008) Typification-based ethics for artificial agents. In: Proceedings of 2nd IEEE international conference on digital ecosystems and technologies (DEST'08), Phitsanulok, Thailand, pp 482–491.

[10] Gert B (1988) Morality. Oxford University Press, Oxford.

[11] Gips J (1992) Toward the ethical robot. In: Ford K, Glymour C, Mayes P (eds) Android epistemology. MIT Press, Cambridge. http://www.cs.bc.edu/~gips/

78

EthicalRobot. pdf.

[12] Bringsjord S (2008) Ethical robots: the future can heed us. AI Soc 22(4): 539–550.

[13] Bringsjord S, Taylor J (2011) The divine command approach to robotic ethics. In: Lin P,Abney K, Bekey GA (eds) Robot ethics: the ethical and social implications of robotics. The MIT Press, Cambridge.

[14] Aqvist E (1984) Deontic logic. In: Gabbay D, Guenthner F (eds) Handbook of philosophical logic. Extensions of classical logic, vol II. D. Reidel, Dordrecht.

[15] Horty J (2001) Agency and deontic logic. Oxford University Press, New York.

[16] Bringsjord S, Arkoudas K, Bello P (2006) Towards a general logistic methodology forengineering ethically correct robots. IEEE Intell Syst 21(4):38–44.

[17] Marquis J (1995) Category theory and the foundations of mathematics. Synthese 103:421–427.

[18] Barr M, Wells C (1990) Category theory for computing science. Prentice Hall, Upper Saddle River.

[19] Brinsgjord S, Taylor J, Housten T, van Heuveln B, Clark M, Wojtowicz R (2009) Plagetian roboethics via category theory: moving beyond mere formal operations to engineer robot swhose decisions are guaranteed to be ethically correct. In: Proceedings of ICRA-09 workshop on roboethics, Kobe, Japan, 17 May 2009.

[20] Anderson M, Anderson S (2008) Ethical health care agents. In: Sordo M, Vaidya S, Jain LC(eds) Advanced computational intelligence paradigms in healthcare. Springer, Berlin.

[21] Arkin R (2009) Governing lethal behavior in autonomous robots. Chapman and Hall, NewYork.

[22] Quinn P (1978) Divine commands and moral requirements. Oxford University

Press, NewYork.

[23] Grau C (2006) There is no "I" in "robot": robots and utilitarianism. IEEE Intell Syst 21(4): 52–55.

[24] Decker M (2007) Can humans be replaced by autonomous robots? Ethical reflections in the framework of an interdisciplinary technology assessment. In: Proceedings of IEEE international conference on robotics and automation, Rome, Italy, 10–14 Apr 2007.

[25] Brooks RA (1997) The Cog project. J Robot Soc Jpn 15(7): 968–970.

[26] Brooks RA (1994) Building brain bodies. Auton Robots 1(1): 7–25.

[27] Matthias A (2004) The responsibility gap: ascribing responsibility for the actions of learning automata. Ethics Inf Technol 1:175–183.

[28] Wallah W, Allen C, Smit I (2007) Machine morality : bottom-up and top-down approaches for modeling moral faculties. AI Soc 22(4): 565–582.

[29] Kawamura K, Rogers TE, Hambuchen K, Erol D (2003) Toward a human-robot symbiotic system. Robot Comput Integr Manuf 9: 555–565.

[30] Licklider JRC (1960) Man-computer symbiosis. IRE Trans Hum Factors Electron HFE-1: 4–11.

[31] Capurro R (2009) Ethics and robotics. In: Capurro R, Nagenborg M (eds) Ethics and robotics. Akademische Verlagsgesellschaft, Heidelberg, pp 117–123.

[32] Moore KJ (2011) A dream of robot's rights.http://hplusmagazine.com/ 2011/08/29/a-dream-of-robots-rights.

[33] Singer P, Sagan A (2009) Do humanoid robots deserve to have rights? The Japan Times, 17 Dec 2009. www.japantimes.co.jp/opinion/2009/12/17/ commentary/do-humanoid-robots-deserve-to-have-rights.

[34] Darling K (2012) Extending legal rights to social robots. http://ssrn.com/ abstract=2044797.

79

[35] Bryson JJ (2008) Robots should be slaves. In: Wilks Y (ed) Close engagements with artificial companions: key social, psychological, ethical and design issue. John Benjamins, Amsterdam.

[36] Bryson JJ, Kime P (1998) Just another artifact: ethics and the empirical experience of AI. In:Proceedings of 15th international congress on cybernetics, Namur, Belgium, pp 385–390.

[37] Bryson JJ (2000) A proposal for the Humanoid Agent-builders League (HAL). In: Barnden J(ed) Proceedings of AISB'00 symposium on artificial intelligence, ethics and (Quasi-) humanrights, Birmingham, U.K., pp 1–6, 17–20 Apr 2000.

[38] Lovgren S (2007) Robot code of ethics to prevent android abuse and protect humans. National Geographic News, 16 May 2007. http: //news. nationalgeographic. com/news/2007/03/070316-robot-ethics.html.

第 6 章

医用机器人伦理学 ①

我们对技术的期望值与技术的进步同步。

81

——亨利·彼得罗斯基（Henry Petroski）

在法律上，一个人侵害他人的权利，就是有罪的。在伦理上，只要他想侵害他人的权利，他就是有罪的。

——伊曼努尔·康德（Immanuel Kant）

6.1　导论

医用机器人伦理学（Medical robethics，或**卫生保健机器人伦理学** [health care roboethics]）将医学伦理学与机器人伦理学的伦理原则结合起来。医用机器人的主要分支，是机器人的**"外科手术"**（surgery）领域，在现代外科手术中，该领域日益壮大，地位显著。机器人外科

---

① © Springer International Publishing Switzerland 2016

S.G. Tzafestas, Roboethics, Intelligent Systems, Control and Automation: Science and Engineering 79, DOI 10.1007/978-3-319-21714-7_6

手术的支持者主张，机器人协助外科医生实施外科手术，能够提高检测手段，增强可见度和精确度，其总体结果可减少病人的痛苦和失血量，降低病人的医院滞留率，最终，可让病人尽快康复，回归正常生活。然而，许多科学家和医学专家对此持反对态度。例如，美国医学院（American Medical School）的一项研究（2011）断言："没有证据表明，机器人外科手术比常规手术更好，或更有效。"机器人外科手术非常昂贵。因此，直接产生的问题是："倘若使用机器人能够带来边际效益（marginal benefit），那么，将经济负担强加给患者或医疗体系，这是否道德？"

卫生保健机器人学的另一个重要领域是"**康复/助力机器人**"（rehabilitation/assistive robotics）。这个领域试图通过机器人，帮助有特殊需求的人和老年人，提升他们的行动力及其他身体能力。该领域的伦理问题，将在下一章讨论。

本章考察医学伦理学的一般论题，以及机器人外科手术的特定论题。具体如下：

82

- 对医学伦理学进行简短的一般性讨论。
- 概述机器人外科手术的基本问题。
- 讨论机器人外科手术的特殊伦理问题。

6.2 医学伦理学

医学伦理学（medical ethics，或**生物医学伦理学**[biomedical ethics]，或**卫生保健伦理学**[health care ethics]）是应用伦理学的一个分支，

涉及医学和卫生保健领域 [1-7]。医学伦理学也包括**护理伦理学**（nursing ethics），有时，后者被看作一个独立领域。医学伦理学的发端，可以回溯到**希波克拉底**（Hippocrates）的工作，他撰写了举世闻名的《希波克拉底誓言》（*Hippocrates Oath*）。这个誓言（希腊语中，Ὅρκος = Ocros）是最广为人知的希腊医学文献。它要求每个新入职的医师，面对健康之神发誓，他将秉持这些专业伦理准则。① 数百年来，《希波克拉底誓言》一直被改写，使之适应受希腊医学影响的不同文化的价值。今天的现代版本，用 maxim（"**不伤害**"[do no harm]）一词，替代誓言的古典要求："**医师应当保证病患免受伤害**。"为当今医科学生提供的现代版誓言（广泛采用），是 1964 年由美国塔夫茨大学医学院（School of Medicine at Tufts University）院长路易斯·拉萨尼亚（Louis Lasagna）医生撰写的。

2002 年后期，一个国际基金会联盟出台了所谓的《**医学专业宪章**》（*Charter on Medical Professionalism*），呼吁医生秉持下列三个基本原则：

- **病患的福祉**　病患的健康**至高无上**。
- **病患的自主权**　医生只对病患的医疗保健提供建议，在决定个人健康方面，病患自己的选择是**根本的**。
- **社会正义**　医学共同体致力于在跨地域、跨文化、跨社群的情况下，消除资源和医疗保健的差别，废除医疗保健中的歧视。

该宪章涉及医生所期待的一套"**层级职责**"（hierarchical professional responsibilities）。

---

① 《希波克拉底誓言》的全文英译，参见本书 6.5 节 [8]。

医学伦理学的核心问题是：医学和卫生保健与人的健康、生死息息相关。医学伦理学为医学和卫生保健的实践提供伦理规范，或者，规定应当如何做。因此，很清楚，医学伦理学关涉人的生命，至关重要且影响深远。

83　　倡导医学伦理学的理由（并非全部）如下：

- 医师有支配人的生命的权力。

- 医师及其相关治疗者，有滥用这种权力或玩忽职守的潜在可能性。

在医学实践中，还有其他一些伦理考量：

- 谁来决定，以及如何决定，给病人使用各类仪器设备，凭借技术手段以维持他们的生命？当医生与病患或他／她的家属意见产生分歧时，听从谁的意见才是伦理正确的行为？

- 在器官移植（肾、肺、心脏，等等）领域，有需要的病患哪个应当首先获得可供的器官？这种决策依据的标准是什么？

- 保健是积极的人权吗？倘若如此，需要保健的每一个人，是否不管有无支付能力，都应当同样得到最昂贵的待遇？

- 社会有义务通过征税或者增加其他费用，为全体公众的保健埋单吗？

- 从伦理的角度看，谁有义务替贫穷病患的医疗费用埋单？医院、国家，还是病患自付？

这些以及其他难题，必须被医学伦理学家全方位地慎重考虑。

多年来，伦理学家和哲学家始终关注医学伦理学的问题，试图给卫生保健人员（医生、护士、理疗师）提供一些原则。实际上，他们的原则以古典应用伦理学为基础：

- **后果主义（功利主义的、目的论的）理论**
- **康德主义（义务论的、非后果主义的）理论**
- **当然义务理论**
- **基于实例的理论（决疑法）**

总之，医学伦理学诉诸传统的实践道德原则，诸如：

- 信守诺言，讲真话（除非讲真话会造成明显的伤害）。
- 不干预他人的生活，除非他们要求这种帮助。
- 不自私，以至于根本不考虑他人的利好。

医学伦理学的**六方进路**（six-part approach）或**乔治敦原则**（Georgetown mentra，源自倡导者的家乡城市）指出，所有的医学伦理学决策，应该包括以下原则（包含了《医学专业宪章》的原则）：

- **自主权**（病患有权利接受或拒绝治疗）
- **仁慈**（医生应当从病人利益的最大化出发）
- **不伤害**（从业者应当"首选不伤害"）
- **正义**（分配稀缺保健资源以及决定谁获得什么治疗，应当是正义的）
- **坦诚**（不应当向病患撒谎，病患有知情权）
- **尊严**（病患具有享有尊严的权利）

上述原则并非全面，其本身也不回答如何处理特殊情况，但可以为医生提供实践性指导，告诉他们应该如何合乎伦理地处理实际情况。事实上，医生头脑中或许聚集了各种各样的伦理准则，有时会以这样那样的方式相互冲突，导致伦理困境。当病患拒绝抢救时，便会出现这种困境：自主权和仁慈原则之间相矛盾。

美国医学会（American Medical Association，AMA）制定并发布了

84

医学伦理学的权威准则。附录（第 6.5 节）列出了准则全文。准则公布时，还提出了有关社会政策问题的一系列意见 [7-9]。

6.3 机器人外科手术

在讨论**机器人外科手术**（robotic surgery）的各种伦理问题之前，首先概述一下机器人手术的程序，以及优于常规外科手术的亮点，或许十分有用。机器人外科手术是一门技术，外科医生在配置精微工具的机器人协助下，实施外科手术。二十多年来，机器人外科手术获得广泛应用，包括机器人系统和图像处理，以互动的方式帮助外科医生规划和实施手术。机器人外科手术用于许多不同的程序 [10-15]：

- 根治性前列腺摘除术
- 二尖瓣修补
- 肾脏移植
- 冠状动脉分流术
- 髋关节置换术
- 肾切除
- 子宫切除
- 胆囊切除
- 幽门成形术，等等

机器人外科手术不适用一些复杂的程序（例如：某类心脏手术，因为它要求更强大的功能，能够在病患胸部移动仪器）。

事实上，机器人外科手术涵盖手术的全过程，从获取和处理数

85

据，到手术过程和术后检查。在**术前阶段**（preoperative phase），模拟病患的刚性形体（诸如骨骼）或可变形体（诸如心脏），以便决定介入靶向。为此，细致考察和利用医学成像及相关信息的特性。然后，利用解剖学结构，拟定手术计划。外科手术器械（仪器）通过微小切口插入病患体内，在外科医生指导下，机器人配合外科医生的手运动，操作精微仪器实施手术程序。细管端部连着摄像头（内窥镜），外科医生可以通过监视器，实时观察病患身体内部放大的三维影像。机器人外科手术类似于腹腔镜检查术。

有机器人辅助的腹腔镜检查术，是一个典型的微创程序，以前，只是在较大创伤面的开放式手术中，才有这种可能。选定的手术方案，与病患的**术中阶段**（intraoperative phase）相关联。机器人系统协助指导外科医生的动作，以期精确执行手术预案。在许多情况下（例如，髋关节置换），机器人能够自主执行部分或全部手术程序。

有机器人辅助的外科手术过程，可以将创伤降至最低（因为缩小切口面、降低组织变形，等等），从而提升治疗效果。机器人辅助外科手术，消除了外科医生的手颤效应，尤其是手术持续几小时之后引起的手颤现象。在遥控机器人外科手术的情况下，外科医生的工作发自主控台，其动作被过滤和简化，传输给远程从动机器人（remote slave robot），由它们对人体实施手术。随着微型机器人的出现，病患的开放式手术将会逐渐淘汰。

总而言之，在手术室使用机器人，可提高外科医生的敏捷度、精密度 / 精确度，缩短病患术后的康复时间。尤其重要的是，正如外科医生所言，人们可以预期，不远的将来，机器人外科手术将导致新的外科手术程序出现，完全超越人的能力。

医疗外科手术最早使用的机器人之一，是 PUMA 560。目前，有许多商用外科手术机器人，诸如：**达·芬奇**机器人（Intuitive Surgical, Inc.）和**宙斯**（Zeus）机器人（Computer Motion, Inc.），用于"微创外科手术"。图 4.11 展示了**达·芬奇**机器人。用于髋关节和膝关节置换术的机器人，有 **Acrobot** 机器人（Acrobot Company Ltd.）和**卡斯帕**（Caspar）机器人（U.R.S.-Ortho GmbH），皆已投入市场。

6.4　机器人外科手术的伦理问题

机器人外科手术伦理学（robotic surgery ethics），作为医学伦理学的一个分支，至少包括上一节讨论过的原则和指导方针，以及第 5 章讨论的机器人伦理原则。医疗诊治（外科手术和其他治疗）首先应该合法。但是，合法的治疗不一定合乎道德。法律是人的行为底线。立法者及其法律试图提供保证，使人们的行为符合这个最低标准。伦理标准由我们所讨论的原则来决定，在获得执照的专业领域（医生、工程师，等等），伦理标准则由每个专业公认的伦理准则提供 [16-19]。

下面，我们讨论机器人外科手术对病患造成伤害的法律部分。为此，我们简要描述一下伤害法的基本规则。法律将"合理关照他人"的义务强加于每一个人，并决定**"一个合理的**（reasonable, rational）**人"**在相同的情况下应当如何行动。如果一个人由于不合理的行为对另一个人造成伤害，那么，法律会追究不合理行动者的责任。倘若被告是一个外科医生（或任何一个有执照的专业人士），法律将以医学伦理学规则为指南。

换言之，在外科手术治疗不当的诉讼中，原告试图确定，外科医生的行动与医疗共同体公认的标准是否不一致，从而证明他违背了治疗病患的职责。另一个基本的法律质询是**"因果关联"**（cansation），在法律追责之前，需要证明**"实际的"**和**"直接的"**因果联系。因此，在诉讼中，原告必须证明，如果不是因为被告的行为，他不会受到伤害（在有些案例中，或须证明，被告的行为是引起伤害的"实质因素"）。要说明**"直接的"（法律上的）**因果联系，原告必须证明，被告有理由预知，他的行为可能引起病患遭受的那种伤害。上述讨论涉及**个人伤害的法律责任**问题。

现在，我们讨论**"产品责任"**（products' liability）问题。机器人（或者其他设备）制造商有义务照顾购置方，以及其他预知将与机器人接触的任何人。因此，制造商有义务设计安全可靠的机器人，使其无缺陷隐患，保障机器人适合常规用途。这意味着，制造商应对机器人失误引发的伤害负有责任。倘若医生使用的机器人失灵，对病患（第三方）造成伤害，病患或许更倾向于控告医生，因为医生是故障机器人的操作者。作为公平的司法裁决，法律允许医生要求故障机器人的制造商作出赔付（即根据机器人制造商的过失，由制造商承担医生必须向病患支付的部分赔偿）。倘若医生完全没有过失，将寻求由制造商支付全部赔偿。

与机器人外科手术相关的一个主要伦理问题，是**社会正义**问题。如前所述，手术机器人意味着改善病患的生活质量及尊严（减轻病患痛苦、缩短康复时间，等等）。但是，这种改善的过程，应当与所有人都能无差等地享受相应待遇并行不悖。不幸的是，高科技的医疗诊治往往意味着高额费用，这主要是因为专利权（即必须向专利权持有

者支付的费用）①。这里的挑战在于：如何让人们以能够负担得起的价格，获得并享用高科技医疗救治，不使穷人与富人之间的差异扩大化。针对这一社会正义问题，**欧洲[科学和新技术]伦理学会**（European Group of Ethics，EGE）提出**"强制许可证"**（compulsory licence）的建议，作为一种道德实践的解决方案。[20] 当专利权的滥用阻断医疗诊治的通道时，便应采取这个方案。显然，制定法律程序，在医疗保健领域实施强制许可，保证其公平执行，是国家的责任。

下面，我们讨论机器人外科手术的一个情境，它所涉及的问题超越目前个人伤害法的范围[19]。

一位病人患有胰腺肿瘤，去找外科医生 A。A 向病人说明手术方案。病人提交了**知情同意书**，同意在手术机器人的帮助下（尽管机器人外科手术有一些风险），进行微创手术（腹腔镜术）以及开放手术。外科医生开始使用腹腔镜手术，发现常规的腹腔镜手术无法切除肿瘤。不过，根据以往经验，他相信，具有更大灵敏度和精确性的机器人，可以安全地切除肿瘤，事实上，这正是机器人的用途所在。手术过程中，机器人突发故障，使病患受伤，外科医生 A 重新设置并校准机器人，开始用机器人切除肿瘤。病人在手术中幸免于难，但术后不久便死于癌症。

倘若病人家属要求赔偿因手术伤害而造成的损失，就会出现以下伦理问题：

• **"外科医生尽管知道固有的风险，仍然提供机器人手术作为病患**

---

① 本句原文为"Unfortunately, very often high-tech medical treatment implies high costs mainly due to patenting rights (i.e., fees that have to be paid to the holders of the patient)."根据全句意思，括号里的"patient"疑为"patent"的笔误，故依照后者译出。——译者

的一个选择，这么做合乎伦理吗？"

要回答这一问题，涉及国家对于外科手术的实施所颁布的医学伦理准则。就美国持照外科医生和医院而言，美国医学会的医学伦理准则主张**知情同意**（informed consent），指出："医生有义务向病患或者负责病患健康的个人准确地描述医学事实，推荐符合医学实践的治疗方案。医生有道德义务帮助病患选择最佳治疗方案，以达到理想的医疗效果。"不过，外科医生不必询问病患（他或她）喜欢这种还是那种手术器械。然而，基于外科手术的公认标准，倘若外科医生不告知病患，使用机器人与常规手术有什么不同，恐怕是不道德的。

•**"由外科医生决定使用机器人，是道德的吗？"**

这个问题与其他医疗事故案例的相同问题没什么区别。回答这个问题，必须考察在相同情况下外科医生会做些什么，必须解决以下法律问题：

•**"在法律上，谁应该为病患受到的伤害负责？"**

这个案例比较复杂，因为病患（他或她）死于癌症。但是，病患死于癌症的方式，或许与他／她在使用机器人之后死亡的方式相同。

假设：病人家属对手术过程导致病人受到伤害提出诉讼，那么，外科医生和医院或许可以向机器人制造商寻求赔偿，坚称机器人的错误行为是导致伤害的原因。于是，制造商同样坚持认为，在这种情况下外科医生不应该选择使用机器人，既然这么做了，外科医生就要承担风险。

与上述情节相关的其他法律和伦理问题是：

•制造商有义务确保机器人的操作者得到充分训练。

•医院有义务严格审批有执照的外科医生使用机器人。

88

关于机器人心脏手术，这里有必要说几句。医学博士**亨利·路易**（Henry Louie MD）指出："讽刺的是，自 20 世纪 70 年代后期以来，心脏外科手术的方式始终没有发生真正的变化。我们依旧使用针和线构建旁路移植，缝合或修复有缺陷的瓣膜，或者，封堵心脏内部的孔洞。然而，修复和透视心脏的材料以及成像技术，早已取得引人瞩目的成就。"[21] 2000 年，美国食品药品监督管理局（FDA）批准使用达·芬奇机器人，其纤细的机械臂，可以实施更精确的手术，痛苦更少，使病患滞留医院的时间减少一两天。然而，按照布朗大学（Brown University）医生的看法，在心脏外科手术方面，将传统方式与机器人方法加以比较，二者几乎没有什么差别，而且，机器人手术略贵。这种机器人的大小尺寸，也不符合心脏内科要求的标准；单纯的尺寸，尤其是在儿科领域，成为心脏外科手术面对的一个问题。德尔·尼多（Del Nido，从事儿童的心脏外科手术）医生也接受过布朗大学的采访，当被问及机器人外科手术的主要弊端时，他回答说："最大的弊端是你没有任何触摸感。你没有任何感觉。机器人并不给你触觉反馈。你基本上是凭借视觉，判断你对肌体组织正在做什么，这是最大的缺点。"医学博士马克·格拉顿（Mark Grattan MD）曾被问及有关机器人心脏手术的类似问题："你觉得使用机器人做手术怎么样？你将来愿意用它吗？"他回答道："现在不会。我并不认为，机器人已经臻于完善，可以安全地用于许多病患身上了。运用机器人技术意味着，为了保护心脏，你必须做一些其他事情，因为你必须让心脏停止跳动。"[21] 机器人外科手术最终的一些法律和伦理问题，列举如下：

• 如果机器人设备放置在不同的国家，其伦理和法律的考量将会如何？例如，一位医生被准许在某个特定的地区或司法管辖范

围从事机器人外科手术。倘若手术的发生地在其所准许的司法
管辖范围之外，就可能引发冲突。

- 随着远程外科手术能力的发展，现在，富裕国家的医生能够垄
断先前贫穷国家的医生所占据的地盘。这扩大了富国与穷国之
间的裂痕，使富国拥有强大的力量支配穷国。

- 进一步发展机器人外科手术的**"可信赖性"**（trustworthiness）十
分重要。为此，需要更多随机化的、可控制的研究。这些研究
举足轻重，它们才真正决定，"机器人外科手术耗时多，病患麻
醉时间长，且价格昂贵"的事实，能否为康复时间短和创伤面
小所抵消。[22]

89

6.5　附录：希波克拉底誓言与美国医学会伦理准则

6.5.1　希波克拉底誓言

"面对医神**阿波罗**（Apollo）、**埃斯克雷彼斯**（Asclepius）、**许癸厄
亚**（Hygieia）和**帕娜刻亚**（Panacea），邀天地诸神作证，我发誓：愿
倾己一切能力和判断力，恪守以下誓约：

- 凡教我医术者，当尊之敬之，犹如父母，终身陪伴其身旁，满
足其需求。恩师的儿女，当视为兄弟姐妹，如果他们愿意从
医，无条件传授之，不收取任何费用。我所拥有的医术，将通
过规行矩步、言传身教以及一切可能的教化方式，传授给我的
儿女、恩师的儿女，以及发誓遵守本誓约的学生；除此之外，
不再传给别人。

- 我愿尽最大的能力和判断力，利用膳食养生，为病患谋福利；
绝不伤害病患或不公平对待他们。

- 即便有人要求，也绝不给人服用有害药品，绝不指导他人服
用。同样，不给妇女施行堕胎术。

- 我愿以此纯洁神圣之心，终身行医。

- 对于结石病患者，即便遭受痛苦，我亦不承担此项手术，不
过，我会把他介绍给治疗结石的专家。

- 无论到了什么地方，无论需要诊治的病人是男是女、是自由民
还是奴隶，我将一视同仁地对待他们，为他们谋幸福，是我唯
一的目的，绝不做龌龊邪恶之事。

- 在治病过程中，凡我所见所闻，不论与行医业务有否关联，凡
我认为要保密的事项，坚决不予泄漏，把这些内容视为隐私。

- 我要忠实地遵守以上誓言，不打折扣，祈望神祇赐给我生命与
医术上的无上光荣；一生一世受人尊敬。我若违誓，当天诛
地灭！"

（迈克尔·诺斯 [Michael North] 译本，National Library of
Medicine, 2002; Updated 2012 [National Institutes of Health, and Human
Services]。）

6.5.2 美国医学会医学伦理准则

美国医学会（AMA）于 1957 年制定了一套医学伦理准则，并于
1980 年和 2001 年予以修订。这些准则成为医生设立行为标准、规定
医生的高尚行为的基本要件 [9]。AMA 的准则如下：

1. 医生应该有同情心，尊重人的尊严和权利，致力于提供力所能

及的医疗救治。

2. 医生应该秉持专业化标准，在所有的专业互动中要诚实，如实报告医生的性格弱点和能力缺陷，揭露盗用物品的欺诈行为。

3. 医生应该遵纪守法，但也应该知道，当一些要求与病患的最大利益相抵触时，医生有责任寻求变通。

4. 医生应该尊重病患、同事及其他卫生保健专业人员的权利，应该在法律限定的范围内，给病患以信心，保护病患的隐私。

5. 医生应该不断学习、运用和提高科学知识水平；坚持为医学教育事业贡献力量；为病患、同事和公众提供有益的信息；切磋医术，必要时，发挥其他医疗专业人员的才能。

6. 除紧急情况外，医生应该根据相称病患诊疗的规定，自由选择服务对象，与其建立联系，并自由选择从事医疗工作的环境。

7. 医生应该承担责任，积极参与改善共同体，提高公众健康水平的活动。

8. 医生在诊治病患时，应该奉行病患至上的原则。

9. 医生应该支持医疗保健向全民开放。

6.6　结语

本章提出医用机器人伦理学的基本要素，特别是机器人外科手术伦理学。把机器人引入卫生保健部门，使责任的分配更加复杂化。如果出现失误，将会对病患、医学从业者或仪器设备造成潜在的伤害。与行为者和责任相关联的伦理问题出现，需要确定谁是控制者，在哪

一点上引发责任问题。机器人外科手术伦理学与法律相伴而行，应该一并考虑。

91　　每一代外科医生都从前辈那里继承医学伦理原则，而且，必须服从不断变化的法规。现在，机器人外科手术正处于一个转折点：较少应付新技术，更多的是利用外科手术的新方法和新实践，为个体病患和全人类提供更高的生活品质。很明显，从本章材料可以看出，随着技术、社会和伦理学的共同发展，伦理困境迅猛扩大。许多外科手术，如整形手术、神经手术、胰腺手术、心脏手术、显微手术，以及一般外科手术，都得益于机器人的贡献。不过，要提供标准有效的治疗以及精湛的手术，需要特殊的培训和经验，同时具有高水平的诊断和手术方案，以及强有力的安全措施。

　　医疗的另一个领域是**远程医疗**（telemedicine）和**电子医疗**（e-medicine）。由于使用了互联网及其他通信／计算机网络，所以产生了更严重的伦理问题，涉及数据的可靠性和病患隐私问题[23,24]。在技术层面，尤其在远程手术（telesurgery）和电子远程手术（e-telesurgery）过程中，可能面临互联网随机延时（random time-delay）问题。

参考文献

[1] Pence GE (2000) Classic cases in medical ethics. McGraw-Hill, New York.

[2] Mappes TA, DeGrazia D (eds) (2006) Biomedical ethics. McGraw-Hill, New York.

[3] Szolovitz P, Patil R, Schwartz WB (1998) Artificial intelligence in medical

diagnosis. Ann Int Med 108(1): 80–87.

[4] Satava RM (2003) Biomedical, ethical and moral issues being forced by advanced medical technologies. Proc Am Philos Soc 147(3): 246–258.

[5] Carrick P (2001) Medical ethics in the ancient world. Georgetown University Press,Washington, DC.

[6] Galvan JM (2003) On technoethics. IEEE Robot Autom Mag, Dec 2003.

[7] Medical Ethics, American Medical Association. www.ama-assn.org/ama/pub/ category /2512.Html.

[8] North M (2012) The Hippocratic Oath (trans). National Library of Medicine, Greek Medicine. www.nlm.nih.gov/hmd/greek/greek_oath.html.

[9] AMA's Code of Medical Ethics (1995) www.ama-assn.org/ama/pub/physician-resources/medical-ethics/code-medical-ethics.page?

[10] Taylor BH et al (1996) Computer-integrated surgery. MIT Press, Cambridge.

[11] Gomez G (2007) Emerging technology in surgery: informatics, electronics, robotics. In:Towensend CM, Beauchamp RD, Evers BM (eds) Sabiston textbook of surgery. Saunders Elsevier, Philadelphia.

[12] Eichel L, Mc Dougall EM, Clayman RV (2007) Basics of laparoscopic urology surgery. In:Wein AJ (ed) Campbell-Walsh urology. Saunders Elsevier, Philadelphia.

[13] Jin L, Ibrahim A, Naeem A, Newman D, Markarov D, Pronovost P (2011) Robotic surgery claims on United States hospital websites 33(6):48–52.

[14] Himpens J, Leman G, Cadiere GB (1998) Telesurgical laparoscopic cholecystectomy. Surg Endosc 8(12):1091.

[15] Marescau J, Leroy J, Gagner M et al (2001) Transantlantic robot-assisted tele-surgery. Nature 413:379–380.

[16] Satava RM (2002) Laparoscopic surgery, robots, and surgical simulation: moral

and ethical issues. Semin Laparoscopic Surg 9(4):230–238.

92

[17] Mavroforou A, Michalodimitrakis E, Hatzitheo C, Giannoukas A (2010) Legal and ethical issues in robotic surgery. Int Angiol 29:75–79.

[18] Rogozea L, Leasu F, Rapanovici A, Barotz M (2010) Ethics, robotics and medicine development. In: Proceedings of 9th WSEAS international conference on signal processing, robotics and automation (ISPRA'10). University of Cambridge, England.

[19] Kemp DS (2012) Autonomous cars and surgical robots: a discussion of ethical and legal responsibility. Legal Analysis and Commentary from Justia, Verdict. http://verdict.justia.com/2012/11/19/autonomous-cars-and-surgical-robots.

[20] The European Group on Ethics makes public in Brussels its opinion on the "Ethical aspects of patenting inventions involving human stem cells", Brussels, 7 May 2002. http://europa. eu.int/comm/european_group_ethics.

[21] Sumulong C (2010) Are robotics a good idea for cardiac surgeons? Medical Robotics Magazine, 8 Mar 2010 (Interview with Henry Louie; MD, 18 Jan 2010. Interview with Dr.Mark Grattan, MD, 9 Nov 2009).

[22] Robotic Surgery-Information Technology (2012) Further research for robotic surgery. http://kfrankl.blogspot.gr/2012/04/further-research-for-robotic-surgery.html.

[23] Merrel RC, Doarn CR (2003) Ethics in telemedicine research. Telemed e-health 15(2):123-124.

[24] Silverman R (2003) Current legal and ethical concerns in telemedicine and e-medicine. J Telemed Telecare 9(Suppl. 1): 67–69.

第 7 章

助力机器人伦理学[①]

品格（character）揭示道德目的，暴露一个人选择和回避的那类 93

事物。

——亚里士多德（Aristotle）

伦理学进化的第一步，就是感觉到应该与其他人团结一致。

——阿尔伯特·施韦泽（Albert Schweitze）

7.1 导论

所谓**助力机器人**，其设计目的主要针对那些**有特殊需求的人士**（PwSN），帮助他们改善机动能力，使其获得最佳体能和 / 或社会职能。随着重病监护的进步，以及康复中心的及时收容，严重受伤人群的存活率大幅上升，但常常留下严重伤残。结果，医护人员必须日复

① © Springer International Publishing Switzerland 2016

S.G. Tzafestas, Roboethics, Intelligent Systems, Control and Automation:

Science and Engineering 79, DOI 10.1007/978-3-319-21714-7_7

一日照料大量有高度依赖性的残障人士。第 4.4.4 节提供了 PwSN 的分类（丧失上肢控制能力的 PwSN；丧失下肢控制能力的 PwSN；丧失时空定向能力的 PwSN）。要研制能够帮助 PwSN 的机器人，如残障人士动力车，机器人学家应当具有充分的背景知识，知道这些机器人将在什么环境下工作。丧失下肢机能的患者是典型的截瘫人士（因为脊髓损伤、肿瘤或退行性疾病等）。这些人具备完善的上肢能力，能够借助传统的手动轮椅、助行器等工具运动。

丧失上肢控制能力的人，可以借助操作机器人助手，控制轮椅运用适当的变速杆指令。典型实例是**四肢麻痹**（因为颈椎受伤）病患和**四肢瘫痪**病患（由于导致四肢运动机能缺失的其他疾病）。另一些人是继发性地和 / 或暂时丧失运动能力（衰老、心脏病、关节病、痉挛、肌病、脊髓灰质炎，等等）。这类病患可以通过合适的人机界面使用半自动助行器，获益匪浅。丧失时空定向能力的人深受心智和神经心理损害的折磨，因为脑创伤、中风、衰老或视觉缺陷而导致警觉失常。这些病患无自主能力，需要基于智能机器人的助力装置，拥有高程度的机器人自主能力。半自动导航之所以适用，乃因为自主系统，倘若收到前后矛盾的指令，或者完全失去方位，该系统有能力切换至自主模式 [1]。为了达到理想的效果，选择轮椅类型之前，应该认真评估病人的情况。包括病患机能移动的能力，以及安全有效地驱使人工轮椅和 / 或操作动力轮椅穿行环境的能力。病患的医疗状况应该得到认证并予以考虑。通常说来，个人的医疗状态应该包括：（1）最初诊断及预后诊断；（2）既往病史；（3）可能影响运动或坐姿的身体各部分的既往手术史；（4）计划或考虑中的未来诊治 / 医疗介入；（5）需要采取的康复措施；（6）病患的药物治疗和过敏史。

本章目的是提供助力机器人和伦理学的基本信息。具体如下：

- 讨论为上肢 / 手和下肢受损人士设计的助力机器人装置（轮椅、矫形装置、义肢装置、康复机器人）。这里的材料试图帮助读者更好地理解相关的伦理问题。

- 概述助力机器人的基本伦理原理和指导方针，包括康复工程和助力技术协会（Rehabilitation Engineering and Assistive Technology Society，RESNA）的伦理准则，以及加拿大康复顾问认证委员会（Canadian Commission on Rehabilitation Counselor Certification，CRCC）的伦理准则。

7.2 助力机器人装置

助力机器人装置包括：

- 适用于上肢和手受损人士的助力机器人

- 适用于下肢受损人士的助力机器人

- 康复机器人（上肢或下肢）

- 矫形装置

- 义肢装置

7.2.1 上肢助力机器人装置

这类机器人装置的研制，是为了帮助重度残障人士处理日常事务，如吃、喝、洗漱、刮胡子，等等。这类机器人有两种："**我的勺子**"（My Spoon）**机器人**，具有单一功能，帮助需要的人士吃饭[2]；

95

汉迪 1 号（Handy 1），多功能机器人，辅助上臂的日常功能（Rehab Robotics, Ltd UK）[3]。汉迪 1 号机器人于 1987 年由基尔大学（University of Keele）研发，能够与用户互动，具有预编程序的功能，能快速帮助人们完成任务。汉迪 1 号是此类助力机器人中最早的一批。目前，有更智能化的机器人和运动机械手，帮助或服务于运动障碍人士。图 7.1 展示了帮助上肢残障人士的**汉迪 1 号**机器人以及更高端的机器人。

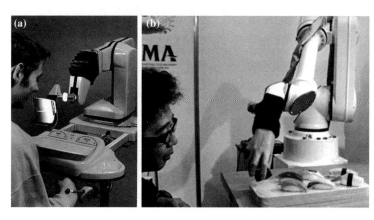

图 7.1　(a) 汉迪 1 号多功能机器人；(b) 具有类似人手五指的现代服务型助力机器人

资料来源：

（a）http://www.emeraldinsight.com/content_images/fig/0490280505001.png

（b）http://www.blogcdn.com/www.slashfood.com/media/2009/06/sushihand-food-425rb061009.jpg

　　另一类机器人的研制，是帮助有上肢功能障碍的人士，即 MANUS 机械手，直接由个人根据需要进行操控，机器人机械手的每个运动，都相应于人的动作 [4]。因肌肉营养障碍或类似情况而导致肌肉衰弱的人士，一直成功地使用它。这一原理也允许用户对环境反馈有身体感觉，好像着力于交互点。MANUS 的最新版本有 6+2 个自由度的机械手，通过操纵杆、下巴控制器等进行操控。MANUS 机器人可以安装在轮椅上，如图 4.17（a）展示的 FRIEND 电动轮椅 [5]。

7.2.2　上肢康复机器人装置

这类装置用于对因中风而受损的手臂进行评估和治疗 [1, 6]。它们　　96
给人以希望，可以有效改善运动受损人士的境况。不过，若想获得最
佳效果，必须对每一个案作深入评估，以便配备最合适的装置。为
此，有两个装置：ARM Guide 和 Bi-Manu-Truck。ARM Guide 有一个调
节器，病患手臂的运动被限制在一个线性路径上，可以在水平面和垂
直面上调整方向。业已证明，这种装置为中风患者的神经康复提供可
以计量的效益。一般说来，在康复过程中使用治疗机器人，能够开展
特殊、互动、强化的训练。图 7.2（a）表明，机器人手臂可以帮助中
风患者，图 7.2（b）表明，外骨骼手臂康复机器人能够帮助上肢康复。

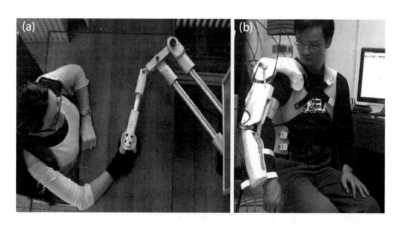

图 7.2　（a）机器人手臂，帮助中风患者；（b）外骨骼手臂康复机器人装置，帮助上肢康复

资料来源：

（a）http://www.robotliving.com/wp-content/uploads/20890_web.jpg

（b）http://www.emeraldinsight.com/content_images/fig/0490360301011.png

7.2.3 下肢助力机器人机动装置

这些装置包括机器人轮椅和助行器。图 4.17（a）与（b）描述了两款机器人轮椅。图 4.17（a）是不来梅大学（University of Bremen, IAT: Institute of Automation）研发的"FRIEND"轮椅，为残障用户提供强大的控制功能[5]。其构成是一台电动轮椅，配备一只机器人机械手，手的终端具有类似人的手指。两个装置均由计算机通过适当的人机界面加以控制。图 7.3 展示了另外三款轮椅。第一款类似于"FRIEND"轮椅，能够帮助用户实现简单的日常功能。第二款是"SMART"轮椅，适合有多重严重残障的儿童。市场上可以买到（Call Centre and Smile Rehab Ltd.）[7]。如果发生碰撞，轮椅立即停止运行，启动必要的闪避行动（即停止、倒退、绕开障碍，等等）。这款轮椅可为一个或多个交换器、扫描方位探测器以及一只操纵杆所驱动。第三款是不来梅大学的智能轮椅"ROLLAND"，在周边超声波传感器组群（距离探测器）、自适应声呐发射策略 / 算法、障碍闪避子系统、"适时停止"安全模式以及"运动辅助物"（驱动辅助、路线辅助）的帮助下，能够自主工作。

另外一些智能（自动 / 半自动）轮椅是：

- **Navchair**（University of Michigan）[8]
- **VAHM**（University of Metz, France）[9]
- **MAID**（FAW Ulm, Germany）[10]
- **ASIMOV**（Lund University, Sweden）[11]
- **INRO**（FHWeingarten, Germany）[12]

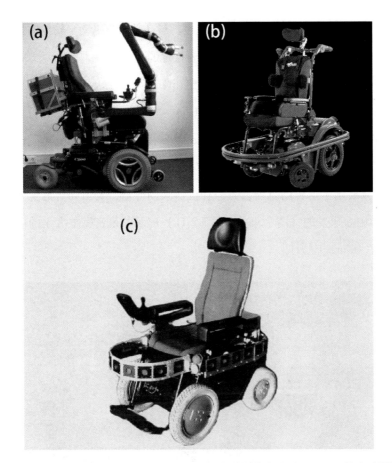

图 7.3 （a）装有机械手的轮椅；（b）SMART（聪明）儿童轮椅；（c）"ROLLAND"自动轮椅

资料来源：

（a）http://www.rolstoel.org/prod/images/kinova_jaco_2.jpg

（b）http://www.smilerehab.com/images/Smart-chair-side.png

（c）http://www.informatik.uni-bremen.de/rolland/rolland.jpg

机器人助行器 机器人助行器的研制是为了这样一类人士：他们具有一些基本的身体和心智能力执行任务，但是，效率低且不安全。助行器可以帮助人行走，闪避障碍物，因而有助于降低健康成本，提

高护理质量，增强残障人士的独立性。与（手动或电动）轮椅明显不同，助行器试图帮助那些能够且想要行走的人。

众所周知的机器人助行器是"退伍军人事务个人适配运动助手"（Veteran Affairs Personal Adaptive Mobility Aid，**VA-PAMAID**）。助行器最初的原型，是杰拉德·莱西（Gerald Lacey）还在都柏林三一学院时研发的。VA-PAMAID 的商业化，是与 **Haptica Company** 联合运作的。[13]图 7.4 展示了这种助行器。另一种机器人助行器，是由弗吉尼亚大学医学中心研发的（图 7.5[a]）。图 7.5（b）展示的是密歇根大学的向导手杖（Guide Cane）。

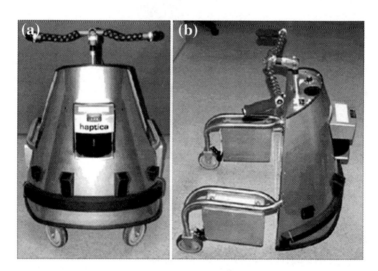

图 7.4 VA-PAMAID 助行器，（a）前视图，（b）侧视图。该助行器有三种控制模式：手动、自动、停放。

资料来源：http://www.rehab.research.va.gov/jour/03/40/5/images/rentf01.gif

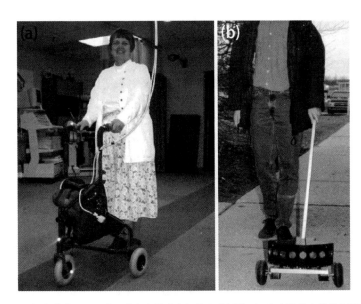

图 7.5 （a）弗吉尼亚大学医学中心的助力机器人助行器；（b）密歇根大学的向导手杖

资料来源：

（a）http://www.cs.virginia.edu/*gsw2c/walker/walker_and_user.jpg

（b）http://www-personal.umich.edu/*johannb/Papers/Paper65/GuideCane1.jpg

7.2.4 矫形和义肢装置

矫形装置用以帮助或支持虚弱无力和失效的肌肉或肢体。典型的矫形装置采用外骨骼形式（exoskeleton），即电动的拟人外套，由病患穿上。早期的一种矫形装置是**手腕矫形**装置（wrist-hand orthotic，**WHO**），利用形状记忆合金执行系统驱动器，为四肢瘫痪人士提供抓握功能[14]。外骨骼装置具有与人体对应的链接和关节，以及执行驱动器。图 7.2（b）展示的是手臂外骨骼装置。图 7.6 展示了腿外骨骼装置。

100

图 7.6 外骨骼机器人行走装置

资料来源：http://www.hindawi.com/journals/jr/2011/759764.fig.009.jpg

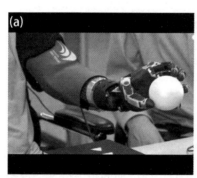

图 7.7 两款上肢 / 手义肢装置

资料来源：

（a）http://i.ytimg.com/vi/VGcDuWTWQH8/0.jpg

（b）http://lh5.ggpht.com/Z7z0l844hhY/UVkhVx5Uq8I/AAAAAAAAB08/AajQjbtsK8o/The%252520 BeBionic3%252520Prosthetic%252520Hand%252520Can%252520Now%252520Tie%252520Shoelaces%25252C%252520Peel%252520Vegetables%252520and%252520Even%252520Touch%252520Type.jpg

义肢是一些装置，用以替代人体的缺失部分。当人失去某一肢体时，通常用这些装置提供机动性或操作性（因此，名为**人造肢体**）。颇具代表性的义肢装置是**犹他手臂**（Utach Arm，Motion Control Inc. U.S.A.）[15]。肘部以上是由计算机控制的义肢，利用来自**肌电描记**（electromyography, EMG）传感器的反馈，测量肌肉对肌纤维内神经刺激电活动的反应。其他义肢系统可以确定人的意向活动，因此，可以准确地控制义肢装置。图 7.7 展示了两款上肢义肢装置，图 7.8 展示了一款外骨骼助行装置。

图 7.8 下肢义肢装置

资料来源：http://threatqualitypress.files.wordpress.com/2008/11/prosthetics-legs.jpg

人造肢体是由一些专门制造义肢的专家设计的。大多数穿戴义肢的人能够回归以前的活动水平和生活方式。不过，这需要经过顽强的意志和不断的努力才能实现。一般来说，接受或拒绝助力机器人装置，取决于这架机器能做什么，不能做什么。此外，社会／伦理因素亦决定其接受度。一些既有研究表明，老年人与青年人或残疾人之

间，在接受或拒绝助力装置方面，存在着明显差异。老年人通常倾向于拒绝技术创新，宁愿他人的帮助，而不要技术的帮助。

7.3 助力机器人学的伦理问题

助力机器人学（Assistive robotics）是医用机器人学的一部分，因此，第 6 章概述的原则这里同样适用。任何助力机器人或装置，都有可能被正确使用，也有可能被误用。无论如何，助力装置可在某些方面让人获益，但是，也可让 PwSN 或他们的看护人付出代价。围绕助力机器人的发展，基本的伦理问题主要集中于人的尊严、人的关系、防止肉体／身体伤害，以及健康评估和其他个人数据的管理等问题。

医学伦理学的六方指南（**乔治敦原则**），在这里也有效，即（见第 6.2 节）：

- 自主权
- 仁慈
- 不伤害
- 正义
- 坦诚
- 尊严

医生／护理者应当担负的其他责任还有：

- 保密／隐私
- 数据完整
- 临床精准

· 质量

· 可靠性

所有的助力技术程序，都应当将伦理要求纳入管理政策，遵守助力伦理的专业准则。遗憾的是，实践证明，在许多情况下，这种道德内涵或者被忽略，或者屈从于更加紧迫的商业需求。

决策特定的助力程序，要求做的第一件事就是对康复人士进行精确的临床 / 身体 / 心理评估。应该认真考虑以下几个方面：

· 选择最合适的装置（经济上允许，负担得起）。

· 确保所选的装置，不被用于做一个人现在依然能够自己（他 / 她）做的事情（这或许让问题变得更糟糕）。

· 技术方案的实施，应有本人的充分参与和同意，不可限制自由或隐私权。

· 助力技术的考量在于，能够用来帮助一个人做他 / 她发现难以做到的事情。

· 保证安全至关重要。

康复工程和助力技术协会（Rehabilitation Engineering and Assistive Technology Society：RESNA，美国，2012 年），为其成员使用助力技术颁布了如下伦理准则[16]：

· 接受专业服务人士的福祉至高无上。

· 只在力所能及的领域从业，坚持高标准。

· 为专享的信息保密。

· 不做构成利益冲突的事情，或者，不做有损协会形象的事情，广义地说，不做有损专业实践的事情。

· 为服务寻求应得的和合理的报酬。

102

- 向公众传播和讲授康复／助力技术及其应用。

- 以客观和坦诚的方式发布公共报告。

- 遵守指导专业实践的法律和政策。

加拿大康复顾问认证委员会（CRCC，2002）制定了以下准则，适用于所有专业康复治疗师[17]：

- 通过消除残障人士身体和态度方面的障碍，让他们能够充分参与社会，为他们谋利益。

- 为消费者提供必要的信息，使他们能够对使用的服务项目作出明智的选择。

- 坚持保密和隐私原则。

- 担负专业责任。

- 维护专业关系。

- 提供准确的评估、审核与解释。

- 从事教育、监管和训练。

- 开展与发表研究。

- 提供技术和远程咨询。

- 拥有正确的工作实践。

- 解决道德问题。

关于助力／康复机器人及其他助力技术，通常有四个层面的伦理决策模式[18]：

层面 1：选择合适的助力装置

这是"客户专业关系"层面。应该向消费者提供合适的康复服务。使用不恰当的、产生反效果的装置和服务，违背"不伤害"的伦理准则。在这一层面，也应当尊重仁慈、正义和自主权原则。

层面 2：治疗师的能力

这是"临床跨学科"层面，通过执业医师之间的有效关系加以实施。在使用康复设备方面，有些治疗师或许比另一些更能胜任。这里，同样应当坚守不伤害、坦诚、仁慈、正义及自主权原则。

层面 3：助力装置的效率和效果

这是"机构 / 中介"层面。机构和中介在法律和道德上，有责任保证提供的助力装置 / 服务是有效率、有效果的。效率意味着使用低成本的装置同样是可靠的、有效的。这里，正义的伦理规则享有最高优先权，即 PwSNs 所需要的康复服务必须得到满足。机构 / 中介的专业人员，应当经过良好的训练，熟知最新的助力技术。

层面 4：社会资源和立法

103

这是"社会和公共政策层面"，通过立法构成关系而制度化。康复介入的最好实践，应该全方位地运用。用户、中介以及社会资源，应当充分加以利用，以便获得最佳技术。动力永远应当是：在坚守正义和自主权原则的前提下，最大效率地运用资源，从而改善人的生活质量。

关于助力机器人学和助力技术还有其他一些伦理考量，包括：

• 建立专家 / 病患援助关系。

• 实践和病患隐私的标准化。

• 为助力技术交易报销。

• 避免社会保健方面的不法行为（利用许可制度和纪律惩戒）。

• 制造商应当以市场调研为基础，努力为病患和保险机构生产物美价廉的装置。

• 关于建议 / 选择康复行为，以及做与不做的后果，要考虑其他专业护理人员的观点。

7.4　结语

　　面向病患的机器人和其他助力装置，能够为用户提供有价值的帮助。装置与用户 /PwSN 之间的连接是关键。这主要取决于评估，包括临床需要和技术的实用性。也就是说，医学和技术助力的评估应当不断完善，以满足伦理 / 社会标准，确保用户完全接受，确信所推荐的（主动的或被动的）助力装置将帮助他们加强运动的自主性，改善生活质量。本章概述了颇具代表性的几款主要的机器人助力装置，用于增强上下肢运动机能，以及治疗 / 康复。可获得的助力技术和助力机器人方面的文献浩如烟海。有关伦理 / 道德方面的文献同样如此。本章讨论了一些基本的伦理原则和指导方针，保证能够成功且合乎道德地使用和开发助力机器人，它们与医学实践的一般伦理原则相一致。关于助力机器人伦理学更进一步的信息，读者可见本章"参考文献"第 [19]—[30]。

参考文献

[1] Katevas N (ed) (2001) Mobile robotics in healthcare (Chapter 1). IOS Press, Amsterdam

[2] Soyama R, Ishii S, Fukuse A (2003) The development of meal-assistance robot: My spoon. In:Proceedings of 8th international conference on rehabilitation robotics (ICORR'2003), pp 88–91. http://www.secom.co.jp/english/myspoon

[3] Topping M (2002) An overview of the development of Handy 1: a rehabilitation

104

robot to assist the severely disabled. J Intell Rob Syst 34(3):253–263. www.
rehabrobotics.com

[4] MANUS Robot. www.exactdynamics.nl

[5] http://ots.fh-brandenburg.de/downloads/scripte/ais/IFA-Serviceroboter-DB.pdf

[6] Speich JE, Rosen J (2004) Medical robotics. Encycl Biomaterials Biomech Eng.
doi:10.1081/E-EBBE-120024154

[7] http://callcentre.education.ed.ac.uk/downloads/smartchair/smartsmileleaflet.
Also http://www.smilerehab.com/smartwheelchair.html

[8] Levine S, Koren S, Borenstein J (1990) NavChair control system for automatic
assistive wheelchair navigation. In: Proceedings of the 13th annual RESNA
conference, Washington

[9] Bourhis G, Horn O, Habert O, Pruski A (2001) An autonomous vehicle for
people with motor disabilities (VAHM). IEEE Robot Autom Mag 8(1): 20–28

[10] Prassler E, Scholz J, Fiorini P (2001) A robotic wheelchair for crowded public
environments (MAid). IEEE Robot Autom Mag 8(1):38–45

[11] Driessen B, Bolmsjo G, Dario P (2001) Case studies on mobile manipulators.
In: Katevas N(ed) Mobile robotics in healthcare (Chapter 12). IOS Press,
Amsterdam

[12] Shilling K (1998) Sensors to improve the safety for wheelchair users, improving
the quality of life for the European citizen. IOS Press, Amsterdam, pp 331–335

[13] Rentsehler AJ, Cooper RA, Blasch B, Boninger BL (2003) Intelligent walkers
for the elderly: performance and safety testing of VA-PAMAID robotic walker.
J Rehabil Res Dev 40(5):423–432

[14] Makaran J, Dittmer D, Buchal R, MacArthur D (1993) The SMART(R) wrist-
hand orthosis(WHO) for quadriplegics patients. J Prosthet 5(3):73–76

[15] http://www.utaharm.com

机器人伦理学导引
Roboethics: A Navigating Overview

[16] RESNA code of ethics. http://resna.org/certification/RESNA_Code_of_Ethics.
pdf

[17] www.crccertification.com/pages/crc_ccrc_code_of_ethics/10.php

[18] Tarvydas V, Cottone R (1991) Ethical response to legislative, organizational
and economic dynamics: a four-level model of ethical practice. J Appl Rehabil
Couns 22(4):11–18

[19] Salvini P, Laschi C, Dario P (2005) Roboethics in biorobotics: discussion and
case studies. In: Proceedings of IEEE international conference on robotics and
automation: workshop on roboethics, Rome, April 2005

[20] Garey A, DelSordo V, Godman A (2004) Assistive technology for all: access to
alternative financing for minority populations. J Disabil Policy Stud 14:194–203

[21] Cook A, Dolgar J (2008) Cook and Hussey's assistive technologies principles
and practices. Mosby Elsevier, St. Louis

[22] RESNA. Policy, legislation, and regulation.www.resna.org/resources/policy%2C-
legislation% 2C-and-regulation.dot

[23] WHO. world health organization, world report on disability, 2011. www.who.
int/disabilities/world_report/2011/report/en/index.html

[24] Zwijsen SA, Niemejer AR, Hertogh CM (2011) Ethics of using assistive
technology in the care for community-dwelling elderly people: an overview of
the literature. Aging Ment Health15(4):419–427

[25] T.R.A.o.E.A. Systems, social, legal and ethical issues. http://www.raeng.org.
uk/policy/engineering-ethics/ethics

[26] RAE (2009) Autonomous systems: social, legal and ethical issues. The Royal
Academy of Engineering. www.raeng.org.uk/societygov/engineeringethics/
events.html

[27] Peterson D, Murray G (2006) Ethics and assistive technology service provision.

105

Disabil Rehabil Assistive Technol 1(1–2):59–67

[28] Peterson D, Hautamaki J, Walton J (2007) Ethics and technology. In: Cottons R, Tarvydas V(eds) Counseling ethics and decision making. Merill/Prentice Hall, New York

[29] Zollo L, Wada K, Van der Loos HFM (Guest eds) (2013) Special issue on assistive robotics.IEEE Robot Autom Mag 20(1):16–19

[30] Johansson L (2013) Robots and the ethics of care. Int J Technoethics 4(1):67–82.

第 8 章

社会化机器人伦理学 ①

头两项奖甚至不归机器人。

——查克·高兹金斯基（Chuck Gozdzinski）

生活一天天过，强调的是伦理而不是规则。

——韦恩·戴尔（Wane Dyer）

8.1 导言

服务机器人（Service robots，或"**为我们服务的机器人**"[serve us robots]）是具有半自动或全自动服务功能的机器人（并非在生产车间工作的机器人），为人谋福利。这些机器人能够进行部分决策，在实际动态的或不可预测的环境中，完成预期任务。

现代机器人学之父**约瑟夫·恩格尔贝格**（Joseph Engelberger）预

① © Springer International Publishing Switzerland 2016

S.G. Tzafestas, Roboethics, Intelligent Systems, Control and Automation:

Science and Engineering 79, DOI 10.1007/978-3-319-21714-7_8

言，在不久的将来，服务机器人将成为数量最多的一类机器人，数量超过工业机器人数倍。ISRA（International Service Robot Association，国际服务机器人协会）提出了服务机器人的一个初步定义："服务机器人是具有感觉、思想和行为的机器，造福人类，或拓展人的能力，提高人的生产力。"当然，正如本书其他章节多次表明的，**机器人、机器、思想**等词的哲学意义和实践内涵还需要研究，给予正确的解释。显而易见，如果广大公众是服务机器人的终端用户，那么，机器人学家们能够做什么，以传播、教育、准备和参与社会道德规范的问题，就必须认真考虑。

我们必须正视的一个现象是世界范围内不可逆的人口老龄化问题。一些国际组织的统计数据表明，相对于老年人，年轻人的数量正在缩减。可以预期，未来几十年，85 岁以上的老龄人口比例将大幅度增加，照料他们的人员将会短缺。因此，有必要加紧开发**助力和社会化服务**（assistive and socialized service）机器人，尤其是能够为老年人提供持续照料和娱乐的机器人，提升他们晚年的生活质量。

本章致力于研究社会化（娱乐、陪伴和治疗）机器人。尤其关注：

- 提供服务机器人的典型分类。
- 展示社会化机器人的各种定义，简略讨论机器人应有的特征。
- 提供一些社会化（拟人的、似宠物的）机器人的代表性实例。
- 讨论社交助力机器人的基本伦理问题。
- 考察三个研究案例，涉及为自闭症儿童设计的儿童—机器人互动，以及为失智症老人设计的老人—机器人互动。

108

8.2 服务机器人分类

服务机器人具有不同层级的人工智能，以及智能人机界面和互动。因此，如 C. 布雷泽尔（Breazeal C）[1] 所述，机器人可划分为以下几类：

- 作为工具的服务机器人
- 作为电子人扩展（cyborg extensions）的服务机器人
- 作为替身的机器人
- 作为社交伙伴的机器人

作为工具的服务机器人 人类把机器人视为工具，用来执行预期的任务。这里，包括工业机器人、遥控机器人、家庭机器人、助力机器人以及所有需要监控的机器人。

作为电子人扩展的服务机器人 这种机器人与人有身体的连接，如，人将它作为身体的一部分（例如，移除机械腿，会被人视为部分或临时截肢）。

作为替身的机器人 个人借助机器人展现自身，与遥远的另一个人进行交流（即机器人使互动的人具有形体感，犹如身临其境）。

作为社交伙伴的机器人 人与机器人的互动，似乎是在与另一个具有响应能力的人互动，后者与他／她合作，是他／她的伙伴（有人说，目前，还无法达到完全类人的社会互动）。

在所有情况下，都具有某种程度的共享控制。例如，自动驾驶车辆可以自行导航。电子人扩展装置（义肢装置）可以基于适当的反馈，作出基本反应（例如，温度反馈可以避免电子人受损，或者，触摸反馈使电子人可以抓握易碎物品而自身毫发无损）。替身机器人能自行协调言语、姿态、注视和面部表情，在适当的时间向适当的人展示。

109

最后，机器人伴侣与人可彼此对话，进行言语交流。

因此，我们可以说，所有的机器人都是服务机器人。在第6、7章，我们讨论了医用机器人（外科手术机器人和助力机器人）的伦理问题。这一章，我们主要考察所谓的**社会化机器人**（socialized robot），它们用于治疗、娱乐或者陪伴。根据**美国食品药品监督管理局**的规定，社会化机器人与电动轮椅（例如，帮助老年失智症患者平静下来的释压球）一样，同属于二类医学设备。

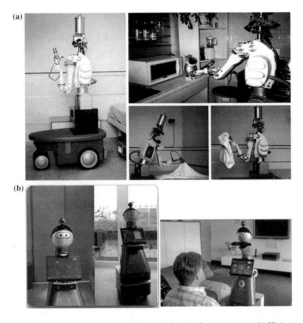

图 8.1　（a）MOVAID 移动机械手；（b）Mobiserve 机器人

资料来源：

（a）Cecilia Laschi, Contribution to the Round Table "Educating Humans and Robots to Coexist" Italy–Japan Symposium 'Robots Among Us', March, 2007, www.robocasa.net

（b 左）http://www.computescotland.com/images/qZkNr8Fo7kG90UC4xJU4070068.jpg

（b 右）http://www.vision-systems.com/content/vsd/en/articles/2013/08/personalized-vision-enabled-robots-for-olderadults/_jcr_content/leftcolumn/article/headerimage.img.jpg/1377023926744.jpg

110　　　　其他"二类医用机器人"是助力机器人（典型的有移动机器人和移动机械手），帮助伤残人士行使日常功能，诸如吃饭、喝水、洗浴，等等，或者从事医务工作。这类机器人的实例有：第 4.4.3 节讨论的"**Care-O-Bot 3**"机器人、图 4.20 展示的机器人、**My Spoon** 机器人、**汉迪 1 号**机器人（图 7.1[a]），以及 **MOVAID** 机器人和 **Mobiserve** 机器人（图 8.1）。

　　MOVAID　这款机器人（**残障人士移动和活动助力系统** [Mobility and Activity Assistance System for the Disabled]）是一种可移动的机械手，由意大利圣安娜高等学校（Sant'Anna Higher School）研发。MOVAID 背后的设计哲学是"**人性化设计**"（design for all）和"**用户导向**"（user oriented）。该系统连接若干台个人计算机，安置在各个活动场所（厨房、卧室、TV 室，等等），可以导航、闪避障碍、停靠、抓握物体、操纵物体。用户通过在固定工作站运行的图形用户界面（graphical user interfaces，GUIs）向机器人发出指令。通过车载摄像机的视觉反馈，用户可以监视机器人的运行状况。

　　Mobiserve　这是一款可移动轮式机器人，半类似人，配备了传感器、摄像机、音频和触摸屏界面。承担的任务有：提醒人们服药，建议人们饮用自己喜爱的饮料，或者，如果人们待在家里的时间较长，建议他们出去散步或探望朋友。任务还包括智能家居操作，以监控用户的位置、他们的健康和安全，当出现某些问题时，将发出警告来预防突发事件。此外，通过穿着智能外衣，机器人可以监测穿戴者的生命体征，诸如其睡眠模式、是否跌倒以及饮食模式。

8.3　社会化机器人

我们在第 4.8 节中，描述了社会化（社交）机器人必须具备的部分属性。在文献中，可以看到若干类型的社交机器人。其中，较为普遍的有以下几类 [2-5]：

社会唤起（Socially evocative）　这类机器人依赖于人的一种倾向，即当人们哺育、照料其创造物，或与它们互动时，喜欢拟人化，并从诱发的情感中获取享受。最普通的社会唤起机器人是类似玩具或宠物的娱乐机器人（如图 4.32 所展示的机器人）。

社会交流（Socially commutative）　这类机器人运用类似人的社交线索和交流模式，使互动更自然、更密切。社会交流机器人能够将社会行为者与环境中的其他对象加以区别。这里，需要有充分的社会智能，借助姿势、面部表情、注视等，将一个人的信息传达给其他人。其中一类社会交流机器人包括博物馆导游，可以通过语言和／或反射性面部表情，传递互动信息。

社会响应（Socially responsive）　这类机器人可以在训练认知模式的帮助下，通过人的示范过程进行学习。它们的目的是满足内在的社会目标（驱动力、情绪，等等）。它们对人的社会模式或许更敏感，洞若观火，但它们是被动的，即它们只是对试图互动的个人意图作出回应，而不能主动参与人的事务，满足内在的社会目标。

社交（Sociable）　这些机器人主动参与人的事务，以满足内在的社会目标（驱动力、情绪，等等），包括人的利益与机器人自身的利益（例如，改善性能）。

社会智能（Socially intelligent）　这些机器人具有一些类似的

111

社会智能，这是通过运用人类认知和社会行为的深度模型来实现的。

"**社会智能机器人**"（socially intelligent robot）的另一种**表述方式**，是"**社会互动机器人**"（socially interactive robot）[6]，这里，社会互动（social interaction）在对等的（peer-to-peer）的**人—机器人互动**（human-robot interfaces，**HRI**s）中占据主导作用，不同于其他机器人（例如，遥控机器人）使用的标准 HRIs。

"社会互动机器人"具有如下能力[5,6]：

• 表达和 / 或感知情绪

• 进行高水平对话

• 识别其他行为者　学习他们的模式

• 建立和 / 或维持社会联系

• 运用自然模式（如姿势、凝视，等等）

• 展示不同的个性和性格

• 发展和 / 或学习社会技能

社交机器人也是模仿人的机器人。设计这种机器人，必须解决以下两个基本问题[7]：

• 机器人如何知道模仿什么？

• 机器人如何知道怎样模仿？

关于第一个问题，机器人需要在参与教学和训练过程的人中，探测人类示范者，观察他 / 她的行为，确认与执行预期任务相关的行为。这要求机器人能够感知人的运动，判定什么是重要的，直接予以注意。运动知觉可以通过三维视觉，或者运用运动捕捉技术（例如，外部穿戴的外骨骼）实施。机器人获得注意力需要运用注意模式，有选择地将计算机资源用于包含相关信息的任务域。必须认证（凭借视觉系统）的人类线索是朝向、头部姿态，以及凝视方向。

关于第二个问题，机器人在行为知觉之后，需要将这种知觉转变并纳入自己的机动运动序列，以获得相同的结果。这就是所谓的"**相符性问题**"（correspondence problem）。[8] 在简单情况下，相符性问题可以运用模仿学习范式，先验地加以解决。在复杂情况下，该问题的解决需要制动器空间（通过基于人臂运动的关节展现所感知的运动），并传给机器人（例如，像 Sarcos Sen Suit 机器人那样）[7]。或者，相符性问题的解决，可借助任务空间展现机器人的运动，将它们与观测到的人类运动轨迹相比较。

机器人的**社会学习**（**social learning**）包括几个层面。设 A 与 B 为两个个体（或小组）。那么，**自下而上**的社会学习层次包括[9]：

- **模仿**（**Imitation**）：A 学习 B 的新行为，B 不在时，A 可实施该行为。
- **目标仿真**（**Goal emulation**）：A 能用不同的行为，实现 B 可观测到的最终结果。
- **刺激增益**（**Stimulus enhancement**）：作为 B 的行为结果，A 的注意力转向一个对象或方位。
- **曝光**（**Exposure**）：A 和 B 面对同样的情境（由于 A 与 B 相关联），能获得类似的行为。
- **社会促进作用**（**Social facilitation**）：作为 B 的行为结果，A 释放一种内在的行为。

必须强调，上述学习层次，涉及动态的和互动的社会学习。传统的**电子化的卡通设备**（例如，娱乐场里的设备）连续不断地重复运动，始终被（人工或用自动装置）记录下来，但是，它们不是互动的。它们不能对环境的变化作出反应，也不能适应新的情境。

112

8.4 社会化机器人例证

多年来，大学、研究所、商业机器人公司和制造商，研发了许多社会化机器人。这些机器人根据它们的最终目的，被设计成具有各种不同的能力。这里，我们简要描述几款颇具代表性的社会化机器人，让读者更好地感知它们能做什么，以及如何执行娱乐和治疗任务。

8.4.1 Kismet

这是麻省理工学院制造的一款**拟人化机器人头**（anthropomorphic robot head），如图 4.32 所示。实际上，Kismet 并不用作执行特殊任务，而是要被设计成一个机器人动物，具有与人进行形体的、情感的、有效的互动的能力，以便向人类学习。Kismet 能够引发与人的互动，需要高度丰富的学习特征。这种能力允许它进行类似顽皮的婴幼儿那样的互动，帮助他们学习并发展社会行为。

Kismet 的特殊能力包括：

• 识别表达性反馈，如禁止或赞赏。

• 管理互动，以便营造适当的环境。

• 轮换，以便构造学习面。

Kismet 的创造者 C. **布雷泽尔**在自己的书中提供了 Kismet 技术和操作方面的全部细节。[3]

8.4.2 Paro

Paro（帕罗）是日本高级工业科学技术研究院（Japan National Institute of Advanced Industrial Science and Technology, AIST） 研 发 的

113

一款机器人 [10]，由"智能系统公司"（Intelligent Systems Co）制造。Paro 可以对环境以及与其互动（例如，爱抚、交谈等）的人作出回应。Paro 设计成可以与人互动，目的不是模拟与一个海豹的真实互动，而是幻想与海豹宝宝互动的情形。Paro 的技能来自精密的内部系统，其组件包括微处理器、触觉传感器、光传感器、触摸式敏感胡须、声音辨识，以及安装在头部的闪眼，能转动的头，仿佛在追踪人的运动并关注与它互动的人。图 8.2 展示了 Paro 的两个快照。

图 8.2　机器人海豹宝宝 Paro

资料来源：

（a）http://gadgets.boingboing.net/gimages/sealpup.jpg

（b）http://www.societyofrobots.com/images/misc_robotopia_paro.jpg

　　海豹是一种人们不熟悉的动物，使用它的好处是让用户觉得这台机器人的行为与真实的动物一模一样。与熟悉的动物（狗、猫等）互动很容易穿帮，会让人发觉机器人与真实的、鲜活的动物不同。Paro 减缓病患／照料者的压力，使病患和照料者更加亲社会化，让人身心放松且更有积极性。Paro 会对温柔触摸和甜言蜜语作出积极的回应，吸引病患的注意。

8.4.3　CosmoBot

114　　这款机器人的研发是为了帮助残障儿童[11]。儿童与它互动有助于治疗、教育和游戏。他们通过一套姿态传感器和语言识别系统，控制 CosmoBot 的运动和音频输出。一些研究业已证实，患有**小儿麻痹症**的儿童与机器人互动，健康水平会得到改善。例如，增强股四头肌的力量，使其达到正常儿童的平均标准。此外，由于使用定制的助行器，患有小儿麻痹症的儿童，在力量以及单腿和躯干功能方面，均获得明显的提升。CosmoBot 如图 8.3 所示。这款机器人安装有一些软件，包括追踪功能数据，对治疗周期自动进行数据记录。儿童能够控制机器人的头部、手臂和嘴的运动，也能启动隐藏在脚部的轮子，驱动他前进、后退、向左、向右运动。

机器人系统为治疗师的工具包所支配，工具包与机器人可穿戴式传感器和台式计算机联接在一起。

图 8.3　CosmoBot 儿童—社会化机器人

资料来源：

（左）http://protomag.com/statics/W_09_robots_cosmobot_a_sq.jpg

（右）http://www.hebdoweb.com/wp-content/uploads/RobotCosmobot.jpg

8.4.4 AIBO（人工智能机器人）

AIBO（**A**rtificial **I**ntelligence ro**BO**t）是索尼公司制造的机器狗。AIBO 有陪伴功能和辅助治疗功能，尤其针对弱势人群。例如，失智症老人，由于 AIBO 的陪伴，改善了他们的活动和社会行为，这不同于毛绒狗的陪伴（图 8.4 [b]）。此外，孩子们也表现出积极的响应。AIBO 具有可动的身体部件和传感器，进行距离、加速度、振动、声音以及压力监测。AIBO 的一个特征是能够通过影像传感器，测定一个**粉色球**的位置，走向这个球，踢它、用头顶它。当几个 AIBO 与人互动时，每个机器人在行为上都有些微的差异。图 8.4（a）展示的是AIBO 机器狗。

AIBO 与儿童互动时，向他们伸出爪子，经历某些互动之后，可以作出回应，表示自己愉快（亮绿灯）或不快（亮红灯）。另一款类狗机器人是 **Kasha**（卡莎，图 8.4 [b]），其大小和形状与 AIBO 相似，Kasha 可以行走，发出声响，还可以摇动尾巴。然而，它不像 AIBO那样，能够对环境作出身体的或社会的响应。

卡恩（Kahn）等人[12]将 AIBO 机器狗用于实验（运用在线问题库），目的在于研究人与它的关系。"**机器人他者**"（robotic others）一词的提出，是为了表述"**社会化机器人**"（socialized robots）。这个新概念并不基于与机器人宠物进行拟人的社会互动，但是，它允许有多重标准，向"他者"作出妥协。人并非简单地遵循社会规则，而是要修改它们。"机器人他者"一词，将机器人性能嵌入一个丰富的框架，该框架主要是构建人与他人（human-other）的关系。他们通过四项研究（学龄前儿童、大龄儿童/青少年、对健康和生活满意度的长期影响、

115

116

在线论坛讨论）探讨了**与机器人他者**互动的心理影响。[12] 这些研究试图为社会陪伴和情感满足提供某种尺度。与 Kasha 相比，儿童（5—8 岁的自闭症患者）对 AIBO 说的话更多、更频繁地进行言语交流，相互影响，与 AIBO 形成真正的互动，如同没有自闭症的儿童。第 8.6.1 节将更详细讨论这些研究。

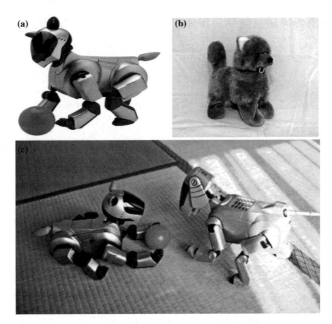

图 8.4 （a）AIBO 机器狗玩耍粉色球（"aibo"日语的意思是伴侣）；（b）机器人 Kasha[25]；（c）两个 AIBO 在玩球

资料来源：

（a）http://www.eltiradero.net/wp-content/uploads/2009/09/aibo-sony-04.jpg

（c）http://www.about-robots.com/images/aibo-dogrobot.jpg

8.4.5　PaPeRo（同伴型个人机器人）

这种社会化机器人由日本"NEC 公司"研发。它有漂亮的外观，两个 CCD 摄像头,帮助它观看、识别、区分各种不同的人脸。[13] 研发目的是为人类提供同伴,与他们一起生活。图 8.5 展示了 PaPeRo 机器人。

PaPeRo 可与其他 PaPeRo 交流,或者,与家里的电器设备交流,代替人操作和控制它们。更先进的 PaPeRo 机器人可与儿童互动。这个版本的机器人叫作**儿童保育机器人** PaPeRo(Childcare Robot PaPeRo)。[14] 这种机器人的互动模式包括以下几种:

- **PaPe 交谈**(PaPe talk) 以幽默的方式回答儿童的问题,例如,跳舞、笑话,等等。
- **PaPe 触摸**(PaPe touch) 一旦被触摸头部或腹部,PaPe 便开始跳一段有趣的舞蹈。
- **PaPe 面孔**(PaPe Face) 能够记住人的面孔,也能识别或区分与它交谈的人。
- **PaPe 测验**(PaPe Quiz) 能够提供儿童测验,判断他们的回答(通过特殊的麦克风)是否正确。

2009 年,NEC 发布了 **PaPeRo Mini**,大小和重量仅为原来的一半。

8.4.6 类人社交机器人

图 8.6 展示了四种类人社交机器人(humanoid sociable robot),它们能够娱乐、陪伴和服务于人类。

另一款类人社会化机器人是 KASPAR(见图 4.31),它是为了与自闭症儿童互动而设计的。自闭症源于神经系统发育失调,其特征是社会互动和社会交流出现障碍,行为局限且不断重复。自闭症在儿童三岁前就开始了。患有严重自闭症的儿童,比正常儿童更强烈、更频繁地感觉到孤独。这并不意味着,这些儿童更喜欢独处。患有自

117

闭症的人，明显缺乏正常说话的能力，无法满足日常交流的需要。
KASPAR 属于治疗自闭症的一类社会化机器人，遵循**"游戏疗法"**（play
therapy）的概念，帮助患者改善生活品质、提高生活技能和社会融入
程度。根据**英国国家自闭症协会**（National Autistic Society, NAS；www.
nas.org.uk）的观点，"游戏允许儿童在有支持的安全环境中学习和实践
新的技能"。[5, 15] 用于自闭症儿童治疗的社会化机器人，比长期使用的
电脑更有效、更令人愉快。实际上，能够体验社会互动，对于成长中
的儿童大有裨益。一些研究表明，除 KASPAR 之外，机器人 AIBO、
PARO、PaPeRo，等等，在治疗儿童自闭症方面都是卓有成效。B. 罗
宾斯等人 [16] 对于自闭症治疗中的机器人运用，作出了综合评估。

图 8.5　PaPeRo 机器人

资料来源：

（上）http://p2.storage.canalblog.com/25/34/195148/8283275.jpg

（下）http://www.wired.com/images_blogs/wiredscience/images/2008/12/18/papero.jpg

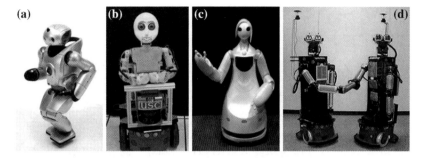

图 8.6 类人机器人：(a)Qrio 娱乐机器人；(b)USCBandit 机器人；(c)医院服务机器人；
(d) Robovie 社交机器人

资料来源：

(a) http://www.asimo.pl/image/galerie/qrio/robot_qrio_17.jpg

(b) http://robotics.usc.edu/*agents/research/projects/personality_empathy/images/BanditRobot.jpg

(c) http://media-cache-ec0.pinimg.com/736x/82/16/4d/82164d21ec0ca6d01cffafbb58e0efc5.jpg

(d) http://www.irc.atr.jp/*kanda/image/robovie3.jpg

8.5 社会化机器人的伦理问题

社会化机器人（socialized robots）的生产是为了用于各种不同的 118
环境，包括医院、私人住宅、学校、养老中心等。因此，这些机器人
尽管是针对 PwSN 用户的，但是，它们必须在现实环境中运作，其中
包括家庭成员、护理人员和医疗专家。社会化机器人的典型设计不会
将形体的力量加于用户，尽管用户能够触摸它，通常也作为治疗的一
部分。不过，在绝大多数系统中，用户—机器人没有身体的接触，机
器人甚至经常不在用户所及的范围内。但是，大多数情况下，机器人
仍然处于用户的**社会互动区域**（social interaction domain），可以凭借语
音、姿势和身体运动，进行一对一的互动。

因此，社会化机器人的使用，在心理、社会和情绪等领域，引发了许多伦理学的思考。当然，医学伦理学诸原则，仁慈、不伤害、自主权、正义、尊严、坦诚等，在这里同样适用，如同所有助力机器人的情形。社会化机器人可以看作一类助力机器人，的确，许多研究者在同一题目下研究这两类机器人，即**社会化助力机器人**（socially assistive robots）或**服务机器人**（service robots）（也包括家庭、家务、市政服务机器人）。[17, 18] 倘若排除工业机器人的情况，家务机器人和市政机器人面临的伦理困境并没有什么不同。前一章我们研究了助力机器人，在这里，我们将把研究重点放在社会化机器人的伦理意涵上。社会化机器人的运用主要分两类：**儿童与老人**。但实际上，正如**英国机器人学家**（English roboticist）所说[19]，仍然需要制定统一的伦理指南，控制和运用机器人照料儿童和老人。尽管针对工厂车间的工业机器人已经推出许多标准指南（例如，ISO10218-1：2006），但是它们并不适用于服务／助力机器人，因此必须适当扩展。欧盟规划报告为这一方向提供了一个范例，值得关注。[20] 许多研究表明，健康的普通人对于自主性助力机器人承担个人照料表示有限的信任，而许多机器人专家依然对于将一些助力机器人用于人类社会的潜在意涵表示关注。当然，不同的国家有明显差异。一个社会（文化），例如，日本或韩国可以接受，另一个文化（例如，欧洲）则完全不可接受。

运用社会化机器人时，必须解决一些基本的社会和情感（非肉体）问题，其中包括[17]：

· **依恋性**（Attachment） 当一个用户情感上依恋机器人时，便会产生伦理问题。依恋性可出现在各类用户（儿童、成人、老人）身上，并引发问题。例如，因系统老化或出现故障需要将机器人搬走时，机器人缺位或许会使用户痛苦，使治疗失效。尤其当用户不理解搬走机器人的理由时，很可能会加重这一后果。例如，人们发现，机器人搬走之后，失智症患者会想念它们。这是因为用户觉得机器人是人。

人格化（Personification）或许不是有意的，不过，只要医生或家庭把机器人当作一个人，赋予它情感，人格化便发生了。这里必须小心谨慎，因为病患（以及一般的人）很快就会形成机器人的心理模式，将它们当作适合人类的模式。当然，这些模式并不代表真实的世界，因为机器人不是人（它们只具备人的一些能力）。

• **欺骗**（Deception）　将机器人用作助力装置，特别是将机器人当作同伴、老师或教练时，欺骗的危险便会产生。这类机器人通常被设计成人的模样，而且，当扮演这些角色时，其动作类似于人。机器人模拟宠物的行为（也可以用玩具）时，欺骗也会发生。这里需要指出，体形大小与用户相当的机器人，可能令人恐惧，不如小型机器人安全。**机器人的欺骗**（Robotic deception，例如，当病患将它当作一个医生或护士时，欺骗发生）可能会造成伤害，因为病患或许相信，机器人会像人那样帮助他 / 她（这并非是真的）。

• **警觉**（Awareness）　这个问题既涉及用户，也涉及护理人员。他们都需要准确了解使用机器人可能带来的风险和危害。尽量充分地向病患和护理人员描述机器人的性能和局限，将其作为指南，或形式化为规则，可以将可能的伤害降到最低限度。市场销售的机器人已经为消费者保护法所涵盖，其内容包括说明、对不良后果的警示，以及让用户受益的职责。这些规则也适用于社会化机器人和其他服务型或助力机器人（参见第 10.6 节）。

• **机器人的权威**（Robot authority）　扮演医师角色的机器人被赋

予某种权力，可对病患施加影响，于是产生了这样的伦理问题：谁实际上控制互动的类型、程度和持续时间？例如，倘若一位病患由于紧张或疼痛，想停止练习，那么，人类医师通过对病患的身体状况进行一般的人性化评估，或许会接受这一请求。这样的功能最好利用技术手段植入机器人，以便维系病患自主权与机器人权威之间的伦理平衡。

• **隐私**（Privacy）　在人—机器人互动时保护隐私，是极其重要的。寻求医治和康复的病患，期盼他们的隐私得到尊重（这显然是有法律支持的）。机器人或许无法充分辨别哪些信息可以散布，哪些不可以（例如，敏感的个人数据）。机器人或许同样无法辨别，哪些人有权获取病患的微妙信息，哪些人无权。因此，病患享有伦理和法律的权利，要求准确知晓机器人的能力，包括机器人安装的摄像头提供的视觉能力，以及将已获影像传递给其他行为体（agent）的传输过程。

• **自主权**（Autonomy）　一个心智健康的人有权对自己的治疗知情并自己作出决定。如果他／她有认知障碍，那么，自主权应移交给对病患的治疗承担法律和道德责任的人。因此，应当为病患（或者，对其治疗承担责任的人）提供充分而可靠的信息，让他／她了解即将使用的助力／社会化机器人的能力。护理者对此亦负有道德责任。例如，如果一个用户被告知，机器人的行为"像宠物"，后来却发现情况并非如此，那么，他／她或许会失望，感到孤独。

• **人—人关系**（Human-human relation）　HHR（人—人关系）是一个非常重要的伦理问题，使用助力／社会化机器人时必须予以考虑。显然，机器人通常被用作工具，强化和提升护理人的治疗效果，而非取代他们。因此，病患—护理人之间的关系以及互动，绝对不应受到干扰。然而，如果用机器人取代（代用品）人类医师，那么，机器人就会导致"人—人"接触的次数减少。如果机器人是被用于病患生活的唯一治疗助手，那将是一个严重的伦理问题。在这种情况下，那些遭受孤独折磨的脆弱人群（发育失常的儿童、失智老人，等等），其孤独综合征或许更加恶化。然而，在有些情况下，使用社会化助力机器人，却可以加强病患—医师的互动[17,21]。

• **正义和责任**（Justice and responsibility） 这里，应该解决"稀缺资源的公平分配"和"责任归属"的标准伦理学问题。复杂的助力机器人通常价格昂贵，因此，始终应该提出这样一个问题："这种助力机器人的收益与成本能否相抵？"要回答这个问题，可以采用传统医疗成本／收益的评估方法。责任问题是指：万一造成伤害，谁应当负责？如果伤害或损伤的原因是机器人故障，问题可能来自机器人的设计、硬件或软件。在这种情况下，责任属于设计者、制造商、程序设计员或经销商。如果造成伤害的原因是用户，那或许碰巧因为用户自己失误、训练不足，或者，因为对机器人期许过高。这里的概念和问题，与第 6.4 节"机器人外科手术的伦理问题"情形相似。

121

8.6 实例研究

若干研究已经揭示，对于拟人化或动物化的人工制品，诸如类人机器人玩具和玩偶，或者，机器猫和机器狗，老年人与年轻人的认知和行为特征之间，存在着重要差异。为了阐明上述问题，这里简略考察四个实例研究，涉及自闭症儿童和失智老人。

8.6.1　儿童—AIBO 互动

人们开展一系列研究，例如 Kahn PH 等人 [12, 22-26] 的研究，广泛考察了儿童与机器人狗 AIBO（图 8.4a）、非机器人（毛绒玩具）狗 Kasha（图 8.4b），以及宠物狗的社会和道德互动。这些研究包括以下几个方面：

- **学龄前儿童研究**（Preschool study）　让 80 个学龄前儿童（3—5 岁）与 AIBO 和 Kasha 玩耍 40 分钟，期间观察他们并与他们交谈。
- **发展研究**（Developmental study）　让 72 名学龄儿童（7—15 岁）与 AIBO 玩耍，也与不熟悉但友善的宠物狗玩耍，期间观察他们（并交谈）。
- **自闭症儿童与正常儿童比较研究**（Children with autism versus normal children study）　让患有自闭症儿童和未患自闭症儿童与 AIBO 和 Kasha 互动，观察他们，并为他们的行为编码。

还有一项网络论坛上研究，调查了 6438 个拥有 AIBO 的成人，对他们作出的回应进行分析和分类。这些研究的目的是创造一个概念框架，将人—动物的互动与人—机器人动物的互动加以对照和比较，以便更好地理解人—动物的互动。

涉及以下几个方面：

- 儿童（和成人）依据生物学理解 AIBO。
- 儿童（和成人）依据道德立场理解 AIBO。
- 对 AIBO 的这些理解如何不同于对活狗的理解。
- 患有或未患自闭症的儿童如何与 AIBO 和玩具狗 Kasha 互动。
- 机器人动物为什么对自闭症儿童有益。

这些问题属于人将机器人宠物概念化的四个领域，它们彼此重 122
叠，却并不多余，即：

- 生物学
- 心智
- 社会
- 道德

上述领域提供了基本的认知模式，借以组织思想，以及影响行为和情感。

围绕生物学问题，为儿童设计以下"**是 / 否**"的问题："**AIBO 是活的吗？**"围绕心智问题，提出的问题是："**AIBO 能够感觉到幸福吗？**""**为什么？**""**你怎么知道的？**""**能就此多说一些吗？**"在学龄前儿童中，38% 的人回答说，机器狗是"活的"。在年龄较大的儿童中，对"是不是活的问题"回答"是"的儿童，7—9 岁占 23%，10—12 岁占 33%，13—15 岁仅占 5%。围绕 AIBO 的道德立场问题，提出如下问题："可不可以**打** AIBO ？""AIBO 做了错事，是否可以**惩罚**他？"或者，"是否可以**抛弃他**（如果你决定不再想要 AIBO 了）？"回答"不可以"被视为"正面的道德立场"。

大多数学龄前儿童说，不可以打 AIBO，不可以惩罚或抛弃AIBO，78% 的孩子为了支持自己的回答，根据 AIBO 的身体状况（例如，"因为他会受伤"）或心理状况（"因为他会哭"）进行道德辩护。7—15 岁的儿童，绝大多数强烈反对打或抛弃 AIBO，但是，50% 的儿童回答"可以"惩罚 AIBO。90% 以上的儿童用道德论证支持他们的一个或多个是 / 否的回答。

在互联网调查研究中，12% 的回答表明，AIBO 有道德立场（和权利），应当担负道德责任或接受惩罚。此外，75% 的人确认，AIBO 是人工制品；48% 的人确认，它是类似有生命的狗；60% 的人确认，它有认知 / 心理状态；95% 的人确认，它是社会存在物（social being）。从以上数值可以推断，在 AIBO 的拥有者看来，AIBO"好像"是社会伴侣，是有思想和感情的生物体（biological being）。

在关于儿童与宠物狗互动的研究中，3—5 岁的儿童不与它互动，尽管他们承认，毛绒玩具狗的生物学、心理、社会交往以及道德立场，与 AIBO 相似。7—15 岁的儿童既与 AIBO 互动，也与其中一只（共两只）不熟悉但友善的宠物狗互动。这些孩子断定，宠物狗（与 AIBO 相比较）是生物学、心智、社会、道德的存在物（实际上，100% 的儿童肯定其生物性，83% 肯定其道德立场）。

总而言之，孩子们一致肯定活狗的生物性、心智生活、社会性以及道德立场，与此同时，他们也将这些属性同样附于机器狗。关于社会交往，机器狗和活狗几乎得到完全相同的认可。

123 在针对自闭症儿童的研究中，招募了 11 位被诊断为自闭症的 5—8 岁儿童。这些儿童有一定的会话能力，没有明显的视觉、听觉或运动障碍。每个儿童都独自在一个大房间里与 AIBO 和 Kasha 进行了 30 分钟的互动。每个互动时段的内容如下：

• 与人工制品互动（Interaction with artifact） 观察两个互动模式，即"真正的互动"（authentic interaction，触摸、交谈、传球或踢球、打手势，等等）与"非互动"（non-interaction）。无互动持续 5 秒以内，依然被看作先前互动期的部分。互动中断大于 5 秒钟之后，非互动期开始。图 8.7 提供"真正的互动"期的快照。

• 与人工制品的言语交流（Spoken communication to artifact） 记

录对人造狗说出的有意义语词的数量。

- **正常（非自闭症）儿童与人工制品的行为互动**（Behavior interaction of normal [non-autistic] children with artifact） 考察几种互动行为：**言语交流；情感表达**（爱抚、触摸，亲吻，等等）；**赋予人工制品生命**（移动人工制品的身体或某个部分，帮助 AIBO 行走或吃饼干，等等）；**双向互动**，例如，用手或手指作标识，指明某个方向，言语提示，递给它一个球或一块饼干（儿童—人工制品、儿童—人工制品—试验者互动）。

124

- **自闭症儿童与人工制品的行为互动**（Behavioral interaction of autistic children with the artifact） 观察到许多行为具有自闭症儿童的典型特征：来回晃动、弹击手指或手、发出尖锐的噪声、莫名其妙的声音、重复几个单词、排成一行、不恰当的代词、用第三人称称呼自己、退缩 / 冷淡、无理由的恐惧、舔舐物品、闻物品、突然冲出 / 跳起、自我伤害。

图 8.7　真正的互动快照

资料来源：www.dogster.com/files/aibo-01.jpg

与无自闭症儿童互动结果：

• 儿童发现，AIBO 比 Kasha 更好玩。

• 儿童与 AIBO 实际互动的时间，占 AIBO 时段的 72%，而与 Kasha 实际互动的时间，占 Kasha 时段的 52%。

• 儿童每分钟与 AIBO 说的话，比与 Kasha 说的话多。

与自闭症儿童互动结果：

• 儿童每分钟展示的任何个体自闭症行为，AIBO 与 Kasha 之间没有发现重要的统计学差异。

• 把所有行为结合起来考虑，每分钟自闭症行为的平均数是，与 AIBO 互动为 0.75，与 Kasha 互动为 1.1。

上述结果表明，AIBO（机器人狗的经典范例）或许有助于自闭症儿童的社会发展。与使用 Kasha（不能对其物理或社会环境作出响应）相比照，研究表明，自闭症儿童更多表现出健康儿童的三个基本行为（言语交流、真正的互动、双向互动等），与 AIBO 倾吐更多的话，而且，在 AIBO 时段，他们很少发生自闭症行为。

华盛顿大学（西雅图）实验室进行了类似研究（相同的研究者），通 过 **HINTS**（**H**uman **I**nteraction with **N**ature and **T**echnological **S**ystems，**人与自然和技术系统互动**）实验，考察类人（humanoids）的道德责任。[27] 这项研究特别关注：当类人机器人造成伤害时，人是否应将道德责任归咎于它们，并涉及这样一个问题——众多的面试者如何感知类人（**Robovie**，图 8.6 [d]），即一个人工制品，或者，介于技术制品与人之间的某类东西。大约 65% 的面试者将某种程度的道德责任归于 Robovie，而在人与 Robovie 互动的过程中，92% 的面试者展现了一场"丰富的对话"，其意义是说，参与者与机器人的互动方式"超过社会预期"。总之，这项研究表明，"大约 75% 的参与者相信，Robovie 能够思考，能够成为他们的朋友，它的过失能够获得人们的原谅"。后来，研究进一步扩展，涉及孩子与 Robovie 一起游戏以及其他一些互动。结果类似于儿童—AIBO 的互动。图 8.8 展示了在 HINTS 实验室的社交互动试验中，一个儿童与 Robovie 拥抱。

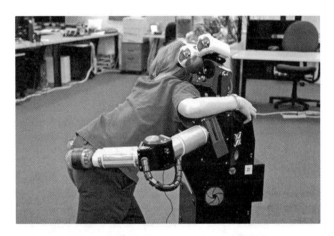

图 8.8　一位儿童与 Robovie 的情感互动；Robovie 是日本高级电信研究院（the Advanced Telecommunication Research, ATR）研发的一款半类人机器人

资料来源：

http://www.washington.edu/news/files/2012/04/girl_robovie.jpg

8.6.2　儿童—KASPAR 互动

正如第 4.4.8 节所表明的，KASPAR 是一款体形如儿童大小的类人机器人，具有静态的身体（躯干、腿、手），头和手臂可动（8 DOF 头，3 DOF 手臂），有面部表情，可以做姿势。该机器人的交流能力允许它呈现面部反馈，改变头的方向、转动眼睛、眨眼、活动胳膊。KASPAR 可以展示若干不同的面部表情：嘴巴张开，嘴部周围发生细

125

微变化，也可以明显地影响整个面部表情（图 8.9）。

英国赫特福德郡大学（University of Hertfordshire）**自适应系统研究小组**（Adaptive Systems Research Group）多年前研发了 KASPAR，并不断加以完善。他们针对自闭症儿童进行多次实验。[28-32] 例如，B. 罗宾斯等人 [29] 展示了三个自闭症儿童（一个 6 岁女孩 G，一个患有严重自闭症的男孩 B，以及一个患有严重自闭症的 16 岁少年 T）与 KASPAR 的互动。T 无法与任何其他儿童玩耍，或者，无法执行其他有任务导向的互动。下面，我们将概述这些结果。

图 8.9　（a）KASPAR 的幸福转移给女童，女童向老师展示;（b）KASPAR 思考时的表情;（c）女童模仿 KASPAR

资料来源：

（a）http://dallaslifeblog.dallasnews.com/files/import/108456-kaspar1-thumb-200x124-108455.jpg

（b）http://asset1.cbsistatic.com/cnwk.1d/i/tim/2010/08/25/croppedexpression.jpg

（c）http://i.dailymail.co.uk/i/pix/2011/03/09/article-1364585-0D85271C000005DC-940_468x308.jpg

女孩 G 不交谈，拒绝一切眼神的交流，一般情况下，不能做任何方式的互动。将 KASPAR 呈现给她，经过最初的疑惑后，她表现出想接近 KASPAR 的欲望（图 8.10 [a]）。随后一段时间里，她试探地注意 KASPAR 的脸和眼睛。当 KASPAR 玩小手鼓时，她试图模仿。她的妈妈非常欣喜。过了一会儿，G 伸出手，接触实验者的手，这是她第一次这么做。从总体上看，KASPAR 为 G 创造了一个环境，她开始触摸和凝视实验者手里的东西。然后，互动随着实验者而逐步扩展和实施。G 安全地试探了与 KASPAR 互动的几种方式，拍它的脸，捏它的鼻子。图 8.10 展示 G 与 KASPAR 互动的三张快照。

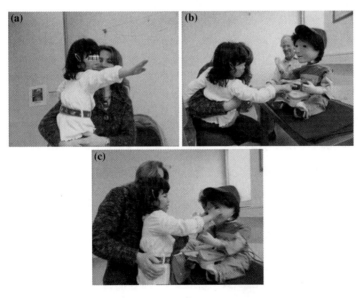

图 8.10　（a）女童 G 表示想靠近 KASPAR 的意愿；（b）G 模仿 KASPAR 敲鼓的动作；（c）G 探察 KASPAR 的脸和眼睛。承蒙克斯廷·道滕汉（Kerstin Dautenhahn）的特许。[29]

男孩 B 患有严重自闭症，在家与其他家庭成员有互动，但是在学校，则不与任何人交流（无论老师还是其他孩子），一个人在操场上

126

独自玩耍。当把 KASPAR 放在他面前时，他对这个机器人表现出浓厚的兴趣，不时地触摸它的脸，稍后，触碰它的眼睛。他对 KASPAR 的眼睛和眼睑十分着迷，稍后，便开始探察老师的眼睛和脸部。最后，与机器人每周一次互动，持续几周后，B 开始表现出与老师在一起的兴奋，向她伸手，邀请她（非语言地）参加游戏。尔后，这种行为扩大到实验者以及他周边的其他成年人（图 8.11）。

同 G 的情况一样，B 与 KASPAR 有接触交流，主要通过触摸和凝视机器人。这种交流后来扩展到在场的成人。KASPAR 刺激 B 作出与老师共同的反应，而且，提供了一种激发兴趣、吸引注意力、彼此互动的对象，孩子与老师能以同样的方式一道观察它。

少年 T　当把 KASPAR 介绍给 T 时，他感觉十分愉悦，注意力集中在 KASPAR 上，小心翼翼地探察它的脸部特征，同时，也探察自己的脸部特征。因为 T 拒绝与其他孩子一道玩耍，所以，治疗主要集中在用 KASPAR 作为一个中介，引导他与其他孩子玩耍。

最初，T 拒绝与治疗师一道使用机器人远程控制，只愿意自己玩。逐渐地，他接受由机器人做中介，与治疗师一道玩简单的模仿游戏。最后，他学会看着治疗师，向她展示自己如何模仿 KASPAR，享受快乐。这被看作一个合适的起点，借此，把另一个孩子介绍给 T，和他一起玩同样的模仿游戏。T 的行为与 G 和 B 相似。他从探察 KASPAR 过渡到探察现场的其他成人（注视 KASPAR 的脸，然后注视治疗师的脸）。随后，T 注视现场其他人对 KASPAR 的行为作出反应。最后，他审视其他孩子的模仿行为。

127

128

图 8.11　（a）男孩 B 触摸 KASPAR，探察它；（b）B 非常仔细地探察 KASPAR，然后转向老师，以类似方式探察老师的脸。承蒙克斯廷·道滕汉的特许。[29]

　　B. 罗宾斯等人[30, 31] 展示了为体残和智障儿童设计的一些 KASPAR 辅助游戏的场景。他们[30] 论述的实验属于 IROMEC（Interactive Robotic Social Mediatorsas Companions，作为同伴的互动机器人社会中介体）计划（www.iromec.org/）的框架，研究三类特殊儿童群体的行为：(1)"轻微智力迟钝"的儿童；(2)"严重运动障碍"的儿童；(3)"自闭症"儿童。[33] 社会化机器人被用作中介，鼓励儿童发现全部游戏类型，从独自的游戏到合作的游戏，由老师、治疗师、父母等参与，一起游戏。治疗目标的选择，以参与机构专家组的讨论为基础，并根据"国际功能分类——儿童和青年版"（International Classification of Functioning-version for Children and Youth, ICF-CY）进行分类。游戏场景包括三个阶段：(1) 游戏场景的初步概念，(2) 场景概述（提要），(3) 社交游戏场景（最终的）。这些游戏场景涉及五个基本的发展领域，即感觉发展、交流和互动、认知发展、运动发展，以及社会／情绪发展。

　　B. 罗宾斯等人[31] 描述在 ROBOSKIN 计划（http://blogs.herts. ac.uk/research/tag/roboskin-project）的框架下获得的一些成果，利用了 KASPAR 新的触觉能力，采用新的游戏场景，依然遵循上述实验[30] 的路线。他们[31] 案例研究的结果，主要针对患有自闭症的学龄前儿童、特殊小学具有中等学习能力的儿童，以及中学具有严重学习障碍

的儿童。实验设置如下：让儿童熟悉在场的成人和机器人，最终目的是允许他们与机器人和成人（老师、治疗师、实验者）自由互动。幼儿园的孩子参与基础的"因果"（cause effect）游戏。例如，触摸头部的一边，以激起"哔哔"的声音，触摸躯干或腿，以激起"幸福"的姿势，随后发出言语信号，诸如"很不错""哈哈哈"，等等（图 8.12 [a]）。

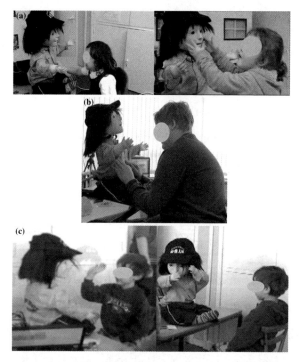

图 8.12　（a）患自闭症的学龄前儿童通过与 KASPAR 互动，探索触摸因与果；（b）一个注意广度很低的儿童（在老师的帮助下）学习如何温和地互动；（c）KASPAR 鼓励或不鼓励某种接触行为。承蒙克斯廷·道滕汉特许。[31]

一般情况下，KASPAR 对儿童的触摸作出反应，儿童则探察它的"快乐"或"悲伤"的表情，对它的反应作出回应。相关案例研究分析证明，自闭症儿童倾向于与机器人进行触摸互动，当 KASPAR 对他们的触摸作出反应时，儿童展示出某种回应。在互动初级阶段，一些儿童用力触摸 KASPAR，结果机器人显示悲伤的表情，对此，他们不能作出适当的回应。不过，经过几个回合，他们开始注意自己的行为，理解了（在实验者的帮助下）机器人悲伤表情的原因。于是，儿童开始温柔地拍击机器人的躯干或胳肢它的脚，以便使它表现出"快乐"的表情（图 8.12 [b]）。遵照治疗师的建议，在患有功能低下的自闭症（low functioning autistic）中学生里组织"follow me"（跟我学）的游戏，做游戏时，大声说出机器人指示的身体每一个部位的名称。实验证明，这对一些孩子非常有帮助。例如，在有些情况下，游戏吸引儿童的注意力，帮助他更好地集中于游戏，进一步发展"自我"的感觉（图 8.12 [c]）。最后，J. 韦纳（Wainer J）等人[32]描述了三人组合（儿童—KASPAR—儿童）游戏的新构思、实施，以及初步评估。在这项研究中，让每个孩子参与 23 项受控互动，提供统计学的评估数据。这一数据表明，三人组合游戏改进了自闭症儿童的社会行为。在游戏过程中，他们对其他的自闭症儿童，有更多的凝视、交谈和微笑，研究讨论、解释和说明二人组合（儿童—儿童）游戏与三人组合（儿童—KASPAR—儿童）游戏之间的明显差异。总而言之，这项研究结果提供了积极的证据，证明两个自闭症儿童的互动玩耍基于模仿的合作视频游戏，在参与类人社交机器人伙伴的三人互动之后，其社会行为发生了变化。他们[32]描述的工作，是 AURORA 计划的一部分[34]，其中也考察了机器人娃娃 Robota，下面予以描述。

129

130

8.6.3　Robota 实验

机器人娃娃 Robota（图 8.13 [a][b]）能够自己运动，以便鼓励自

闭症儿童模仿它的运动。经过限制性设置的初步实验之后，更多无限制的设置被开发，在与 Robota 互动期间，不限制儿童的姿势和行为，让孩子有更多的时间直接面对机器人，也减少治疗师的介入。

Robota 的目的集中于儿童自发的和自我引发的行为。Robota 以两种模式运作：（a）作为**跳舞的玩具**（dancing toy）；（b）作为**木偶**（a puppet）。在"跳舞"模式中，机器人伴随预先录制的音乐（即儿童韵律、流行音乐和古典音乐）的节奏，运动它的胳膊、腿和头。在"木偶"模式中，实验者是操纵者，通过简单按动便携式电脑的按钮，运动机器人的胳膊、腿或头。**儿童—Robota** 互动实验包含三个阶段 [35]：

• **熟悉过程**（Familiarization） 机器人被置于一个盒子里（里面是黑色的），类似于木偶表演。在这一阶段，儿童主要是坐在地板上或椅子上观看，偶尔离开椅子，接近机器人，近距离地观看、触摸，等等（图 8.13 [c]）。

• **指导性互动**（Supervised interaction） 搬走盒子，让机器人站在桌子上，治疗师鼓励儿童主动与 Robota 互动（图 8.13 [d]）。

• **无指导互动**（Unsupervised interaction） 不给儿童任何指导或鼓励，而是让他自己与机器人去互动，玩模仿游戏（如果他想这么做的话），同时，实验者再度将机器人当作木偶操纵。

131 这些实验表明，允许自闭症儿童与机器人反复互动，经过较长一段时间，可帮助他们探察机器人—人（以及人—人）互动的空间。在一些情况下，儿童把机器人当作中介，即一个共同关注的对象，帮助他们与实验者互动。当儿童逐渐习惯独自与机器人相处时，在他们的世界里，他们完全向实验者敞开心扉，与他／她互动，并积极寻求与他／她（也与治疗师）共享他们的经验。

图 8.13　（a）Robota 的脸；（b）Robota 娃娃全身像；（c）熟悉阶段；
　　　　　（d）指导性互动阶段

资料来源：

（a）http://www.kafee.files.wordpress.com/2008/01/robota.jpg 承蒙克斯廷・道滕汉特许。

（b）类人机器人反复向自闭症儿童展示的效果——我们能鼓励基本的互动技能吗？
B. 罗宾斯等[35]

（c）与（d）[35]

　　通过对自闭症儿童的上述研究及其他一些研究，可以得出以下普　　132
遍结论：

- 严重程度高或低的自闭症儿童，对同样的机器人玩具有不同的
  反响。

- 机器人玩具可以扮演中介角色，介于受控重复活动与人类社交
  互动之间。

- 能够表达情绪和面部表情的机器人玩具，可以展示如何识别这些线索。

- 由类似皮肤材质制作的机器人玩具，提升了接触感，有助于自闭症儿童。

- 互动机器人玩具，能够强化言语和音乐治疗班教授的课程。

总之，问题仍然存在：鼓励自闭症儿童与不能表达情感行为的机器进行情感互动，道德上是否正确。但是，从自闭症个体以及他的／她的需要来看，尚不清楚这些伦理考虑是否真有重要意义。[28]

8.6.4　老人—帕罗互动

图 8.4 展示的是**海豹宝宝机器人 Paro（帕罗）**，其设计和制造目的主要是为了与老人进行社会互动，尽管它也可以用于与婴儿的互动。绝大多数人似乎将这款机器人感知为一个有生命的对象，温情关爱它如同呵护生命。帕罗能够发出动物的叫声，有情绪表达，可以学习声音，重复病患对治疗的情绪反应。

日本高级工业科学技术研究院（AIST）木村临床和脑功能实验室（Kimura Clinic and Brain Functions Laboratory）[36] 进行了一项科学研究，结果表明，运用帕罗进行治疗，可以防止认知失常，有利于改善长期护理状况。实验要求许多认知失常的老人与帕罗互动，测量他们互动前与互动后的脑电波，并加以分析。人们发现，50% 参与研究的人，脑功能得到改善。对帕罗表现出积极态度的人，随着他们生活状况和生活质量的改善，表现出对治疗具有更强烈的响应。而且研究还发现，帕罗可以减少对长期治疗的需要。

根据帕罗网（www.parobots.com）的说法，帕罗机器人能够替代动物疗法，无论是医院治疗，还是后期的护理机构，都有同样的文件证明其优越性。帕罗不会产生发生在活体动物身上的问题（它不可能咬病患，不用吃食物，不需要大小便）。许多医疗保健从业者发表了权威意见：帕罗具有许多优点（例如，具有与动物相似的自发的、出乎意料的行为），这使它成为一个可爱的同伴。不过，一些专业人员相信，机器人伴侣（诸如帕罗）非常流行，是因为人们上当受骗了，并不知道它们与人工制品关系的真实性质。[37] 然而，这并不总是真的！许多人清楚地知道，帕罗是一个机器人，但依然选择这个机器人海豹。疗养院的一位病患说，"我知道这不是动物，但是，它流露出自然的感情"，他把机器人叫作 **毛毛**（Fluffy）。另一位病患确认，她知道帕罗不是真的动物，但是，她依然爱它。这些病患习惯于在楼厅里散步，边走边与帕罗聊天，仿佛它就是活的动物。

133

134

在匹兹堡 **文森特疗养院**（Pittsburg Vincentian Home）和其他养老院，许多失智老人体验到运用帕罗治疗的良好效果。帕罗明显能使他们平静下来，让老人觉得它爱他们，这是他们积极互动的一种情感。[38, 39] 图 8.14 是失智老人与帕罗情感交流的几张快照。

帕罗的设计，当然不是为了替代人与老人进行社会互动，而是要激励他们参与社会互动。老人们应该得到适当的心理和社会援助，使他们能够继续发现生活中的乐趣。老人需要的不仅仅是医疗护理和食物。帕罗价格昂贵，但是，倘若作出的决定是欺骗失智病患，利用机器人改善他们的生活并造福于他们，那么，为这种欺骗辩护的理由，应必须远比他或她承担的开销更有价值。尤其需要指出，倘若医生建议采取 **动物疗法**，同时却由于医学／健康方面的原因而不允许使用动物，那么，机器人动物可以是一个低风险的良好选择。

图 8.14　三位老人与帕罗进行情感交流

资料来源：

（a）http://www.homehelpersphilly.com/Portals/34562/images/fong_paro_north_500.jpg

（b）http://www.corvusconsulting.ca/files/paro-hug.png

（c）http://www.shoppingblog.com/pics/paro_seal_robot.jpg

8.7 结语

社会助力机器人（Socially assistive robots）在改善认知障碍儿童和失智老人的生活质量方面作出了巨大的社会贡献。世界各地大量的研究和个案表明上述社会助力机器人的效果良好，并备有大量文件数据可供参照。

大量类人机器人和类似动物机器人，已被研发出来并投放市场，还有许多其他的机器人（预期更为复杂）正在研发中。

本章勾勒了社会化 / 社交—助力机器人的基本问题（定义、范畴、特征、能力），包括国际上一些颇具代表性的成熟范例。本章也选择了一些个案研究，表明患有失智 / 精神疾病的儿童和老人，通过正确使用这类机器人而受益匪浅。

从道德的观点看，这些机器人只应作为中介，用于治疗性的社会 / 行为的互动，而不应该替代人的实际照料。例如，倘若护理人员没有严格按照规程使用机器人帕罗，或者独立使用它（即不是分组，作为其他活动的一部分），它就可能造成伤害。不过，如果帕罗用于激励个体间的交流，这些个体对能够作出回应的帕罗有共同的兴趣（或者有爱它的情感），它就有助于改善他们的生活质量。

当然，由于使用机器人护理者，以及相应地影响这一行业的发展，很难预见人类接触的频率和类型可能有多少得失。相关研究[27, 40]表明，摆脱老人护理方面的陈规俗套，将允许人们花更多的精力履行更重要的义务，彼此提供友爱和情感支持。发展陪伴型社会化机器人，基础是对情感和互动、行为和人格的心理学理解，并创建相关的计算模型。[41-43] 关于情感方面，现有几种理论，包括拉扎勒斯（Lazarus）

135

理论 [44, 45] 和舍雷尔（Scherer）理论 [46]。

参考文献

[1] Breazeal C (2004) Social interactions in HRI: the robot view. IEEE Trans Man Cybern Syst Part C 34(2):181–186

[2] Breazeal C (2003) Towards sociable robots. Rob Auton Syst 42:167–175

[3] Breazeal C (2002) Designing sociable robots. MIT Press, Cambridge, MA

[4] Dautenhahn K (1998) The art of designing socially intelligent agents: science, fiction, and the human in the loop. Appl Artif Intell 12(8–9):573–617

[5] Dautenhahn K (2007) Socially intelligent robots: dimensions of human-robot interaction. Philos Trans R Soc London B Biol Sci 362(1480):679–704

[6] Fong T, Nourbakhsh I, Dautenhahn K (2003) A survey of socially interactive robots. Robot Auton Syst 42:143–166

[7] Hollerbach JM, Jacobsen SC (1996) Anthropomorphic robots and human interactions. In:Proceedings of First Intetnational Symposium Humanoid Robotics, pp 83–91

[8] Nehaniv CL, Dautenhahn K (2002) The correspondence problem. In: Dautenhahn K, Nehaniv CL (eds) Imitation in animals and artifacts. MIT Press, Cambridge, MA, pp 41–61

[9] Breazeal C, Scassellati B (2002) Robots that imitate humans. Trends Cogn Sci 6 (11):481–487

[10] Wada K, Shibata T, Musha T, Kimura S (2008) Robot therapy for elders affected by dementia. IEEE Trans Eng Med Biol 27(4):53–60

[11] Lathan C, Brisben AJ, Safos CS (2005) CosmoBot levels the playing field for disabled children. Interactions 12(2):14–16

[12] Kahn PH, Freier NG Jr, Friedman B, Severson RL, Feldman EN (2004) Social and moral relationships with robotic others? In: Proceedings of 2004 IEEE international workshop on robot and human interactive communication, Kurashiki, Okayama, pp 20–22

[13] Robot Pets and Toys www.robotshop.com/en/robot-pets-toys.html

[14] Fujita Y, Onaka SI, Takano Y, Funada JUNI, Iwasawa T, Nishizawa T, Sato T, Osada JUNI(2005) Development of childware robot PaPeRo, Nippon Robotto Gakkai Gakujutsu Koenkai Yo Koshu (CD-ROM), pp 1–11

[15] Boucher J (1999) Editorial: interventions with children with autism methods based on play. Child Lang Teach Ther 15:1–15

[16] Robins B, Dautenhahn K, Dubowski K (2005) Robots as isolators or mediators for children with autism? A cautionary tale. In: Proceeding of symposium on robot companions hard problems and open challenges in human robot interaction, Hatfield, pp 82–88, 14–15 April 2005

[17] Feil-Seifer D, Mataric MJ (2011) Ethical principles for socially assistive robotics. IEEE Robot Autom Mag 18(1):24–31

[18] Dogramadzi S, Virk S, Tokhi O, Harper C (2009) Service robot ethics. In: Proceedings of 12th international conference on climbing and walking robots and the support technologies for mobile machines, Istanbul, Turkey, pp 133–139

[19] http://www.infoniac.com/hi-tech/robotics-expert-calls-for-robot-ethics-guidelines.html

[20] http://www.respectproject.org/ethics/principles.php

[21] Wada K, Shibata T, Saito T, Sakamoto K, Tanie K (2003) Psychological and social effects of one year robot assisted activity on elderly people at a health

136

service facility for the aged. In:Proceedings of IEEE international conference on robotics and automation (ICRA), Taipei, pp 2785–2790

[22] Melson GF, Kahn PH Jr, Beck A, Friedman B (2009) Robotic pets in human lives:Implications for the human-animal bond and for human relationships with personified technologies. J Soc Issues 65(3):545–567

[23] Kahn Jr PH, Friedman B, Hagman J (2002) I care about him as a pal: conceptions of robotic pets in on-line AIBO discnssion forums. In: Proceedings of CHI'02 on human factors in computing systems, pp 632–633

[24] Kahn PH, Friedman Jr B, Perez-Granados DR, Freier NG (2004) Robotic pets in the lives of preschool children. In: Proceedings of CHI'04 (extended abstracts) on human factors in computing systems, pp 1449–1452

[25] Stanton CM, Kahn PH, Severson Jr RL, Ruckert JH, Gill BT (2008) Robot animals might aid in the social development of children with autism. In: Proceedings on 3rd ACM/IEEE international conference on human robot interaction, pp 271–278

[26] Friedman B, Kahn PH Jr, Hagman J (2003) Hardware companions? What on-line AIBO discussion forums reveal about the human-robotic relationships. In: Proceedings of SIGCHI conference on human factors in computing systems, pp 273–290

[27] Kahn PH et al (2012) Robovie moral accountability study HRI 2012.pdf. http://depts.washington.edu/hints

[28] Dautenhahn K, Werry I (2004) Towards interactive robots in autism therapy: background, motivation, and challenges. Pragmat Cogn 12(1):1–35

[29] Robins B, Dautenhahn K, Dickerson P (2009) From isolation to communication: a case study evaluation of robot assisted play for children with autism with a minimally expressive humanoid robot. In: Proceedings of 2nd international

conference on advances incomputer-human interactions (ACHI'09), Cancum, Mexico, 1–7 Feb 2009

[30] Robins B, Dautenhahn K et al (2012) Scenarios of robot-assisted play for children with cognitive and physical disabilities. Interact Stud 13(2):189–234

[31] Robins B, Dautenhahn K (2014) Tactile interactions with a humanoid robot: novel play scenario implementations with children with autism. Int J Social Robot 6:397–415

[32] Wainer J, Robins B, Amirabdollahian F, Dautenhahn K (2014) Using the humanoid robot KASPAR to autonomously play triadic games and facilitate collaborative play among children with autism. IEEE Trans Auton Mental Dev 6(3):183–198

[33] Ferrari E, Robins B, Dautenhahn K (2010) "Does it work?" A framework to evaluate the effectiveness of a robotic toy for children with special needs. In: Proceedings of 19th international symposium on robot and human interactive communication, Principe di Piemonte-Viareggio, pp 100–106, 12–15 Sep 2010

[34] http://www.aurora-project.com/

[35] Robins B, Dautenhahn K, te Boekhorst R, Billard A (2004) Effects of repeated exposure of a humanoid robot on children with autism: can we encourage basic social interaction skills? In:Keates S, Clarkson J, Langdon J, Robinson P (eds) Designing a more inclusive world, Springer, London, pp 225–236

[36] AIST: National Institute of Advanced Industrial Science and Technology (AIST), Paro foundto improve brain function in patients with cognition disorders. Transactions of the AIST, 16 Sept 2005

[37] Sullins P (2006) When is a robot a moral agent? Int Rev Inf Ethics 6(12):23–30

[38] Calo CJ, Hunt-Bull N, Lewis L, Metzer T (2011) Ethical implications of using Paro robot with a focus on dementia patient care. In: Proceeding of 2011 AAI

workshop (WS-11–12) on human-robot interaction in elder care, pp 20–24

[39] Barcousky L (2010) PARO Pals: Japanese robot has brought out the best in elderly with Alzheimer's disease. Pittsburg Post-Gazette

[40] Kahn P et al. Do people hold a humanoid robot morally accountable for the harm it causes? http://depts.washington.edu/hints/publications

137 [41] Saint-Aimé S, Le-Pevedic B, Duhaut D iGrace: emotional computational model for Eml companion robot. In: Kulyukin VA (ed) Advances in human robot interaction, in-tech (Opensource: www.interchopen.com)

[42] Sparrow R, Sparrow L (2006) In the hands of machines? The future of aged care. Minds Mach 16:141–161

[43] Borenstein J, Pearson Y (2010) Robot caregivers: harbingers or expanded freedom for all? Ethics Inf Technol 12:277–288

[44] Lazarus RS (1991) Emotion and adaptation. Oxford University Press, Oxford/New York

[45] Lazarus RS (2001) Relational meaning and discrete emotions. Oxford University Press, Oxford/New York

[46] Sherer KR (2005) What are emotions? How can they be measured? Soc Sci Inf 44(4):695–729

第 9 章

战争机器人伦理学 ①

战争中，真理是第一个牺牲品。

——埃斯库罗斯（Aeschylms）

千万不要认为，战争不是一种犯罪，无论多么必要，无论讲得
多么正义。

——欧内斯特·海明威（Ernest Hemingway）

9.1 导论

军事机器人（Military robots）目前受到政治家的广泛关注，他们
将巨额资金投入相关研究。关于军事机器人的伦理学，特别是致命
自主机器人武器，处于机器人伦理学的核心地位。围绕现代战争是否
允许使用它们，存在激烈的争论。其争论的激烈程度超过其他技术

①　© Springer International Publishing Switzerland 2016

　　S.G. Tzafestas, Roboethics, Intelligent Systems, Control and Automation:

　　Science and Engineering 79, DOI 10.1007/978-3-319-21714-7_9

系统，尽管它们始终都是**双刃剑**，有利亦有弊，有批评者，亦有拥护者。赞成使用致命自主机器人的人指出，军事机器人有实质性优势，包括拯救士兵的生命，安全地清除海域和街道上的**即时爆炸装置**（improvised explosive devices，IED）。他们还认为，机器人武器可以使战争更合乎道德、更有效，因为士兵容易受情绪、愤怒、疲劳、复仇等方面的影响，可能作出过度反应，逾越战争法则。

反对使用致命自主机器人的人则指出，武器的自主性本身就是一个问题，而不是仅仅控制自主武器就能令人满意。他们的核心信仰是：必须全面禁止致命自主机器人。还有一些其他特殊的考虑，包括假如机器人出现故障，导致违反战争法则，责任归属难以确定；降低了战争的门槛；自主战争机器人的法律地位不清晰，例如，倘若把监视机器人变成或用作致命机器人。

140　　本章的目的是细致考察上述问题。尤其是：

• 提供战争概念的背景资料和战争的伦理法则。

• 讨论战争机器人的伦理问题。

• 陈述反对自主战争机器人的论证，也包括一些反对的观点。

9.2　关于战争

在《**韦氏词典**》（*Free Merriam Webster Dictionary*）中，**战争**被定义为：（1）"国与国、群体与群体之间的战斗状态或战斗时期"，（2）"国家或民族之间通常公开宣布的军事敌对冲突状态"，（3）"武装冲突的时期"。

根据战争哲学家卡尔·冯·**克劳塞维茨**（Carl von Clausewitze）的观点，"战争就是政治通过另一种手段的继续"。换句话说，战争是统治者使用暴力，而不是和平手段，推行一种政策，以管控某一地区的生活。**克劳塞维茨**说，战争像一场决斗，只不过是大规模的罢了。他对战争的实际定义是："迫使敌人服从我们意志的一种暴力行为。"**迈克尔·格尔文**（Michael Gelven）提出一个更完整的定义，认为战争是"政治共同体之间因对统治权产生严重分歧而引发的现实的、广泛的、蓄意的军事冲突"，即战争实质上是规模宏大的、公共的（政治的）、暴力的。换句话说，按照格尔文的看法，战争不仅仅是用其他手段继续一种政策，也是产生政策的实际事务（事关统治本身）。它似乎是依靠威胁进行统治，尽管战争威胁以及政治共同体之间彼此嫌恶，并非战争的充分标识。武装冲突必须是现实的、蓄意的、广泛的。[1-3]

L. F. L. 奥本海姆（L. F. L. Oppenheim）把战争定义为："……两个或更多国家之间，凭借其武装力量展开的争夺，目的在于压倒对方，并按照胜利者的意愿，强加和平条件。"（引自《英国军事法手册》[British Manual of Military Law]，第三部分）关于以管控为目的的武装冲突，其定义是："无论何时，只要国与国之间诉诸武力，或者政府当局与有组织的武装集团之间诉诸持久的武力，或者国家内部这类群体之间诉诸持久的武力，那么，就有武装冲突存在。"这个定义着眼于武装冲突，而不是战争。

只有当交战各方有意识地调兵遣将，并展开强大的动员，即当指战员试图参战，并意识到使用大量的军事力量时，战争才真正开始。战争是发生在政治共同体（国家或内战中意图成为的国家）之间的一种现象。应该明白，**国家**（state）概念不同于**民族**（nation）概念。

141　民族是一个共同体，有共同的种族、语言、文化、理想 / 价值观、历史、居住方式，等等。国家则是一个更有限的概念，涉及政府的类型和机构，它们决定了在某片领土上如何组织人的生活。战争的深层原因，无疑是人具有统治他人的冲动。自从史前时代，人们便一直打打杀杀，几乎与此同时，人们也一直在讨论战争究竟是对还是错。战争是坏事，颇引争议的社会后果为勤于思考的人们提出严重的道德问题。**战争伦理学**(war ethics)试图回答这些问题，下面我们将予以讨论。

9.3　战争伦理学

　　战争伦理学产生的动机，在于这一事实：战争是一个负面的暴力过程，应该尽可能避免。战争是坏事，因为战争造成对人民的蓄意杀戮或伤害，从根本上说是践踏受害者的人权。战争伦理学的目的，是回答对于个人和国家（states 或者 countries）而言，什么是对的，什么是错的，参与公共政策（政府和个人的行为）的辩论，最终制定战争道德准则。[4-10]

　　必须讨论的基本问题如下：

• 战争始终都是错误的吗？

• 有没有其正当性可以辩护的情况？

• 战争永远都是人类经验的一部分？或者，有什么行为可以消除战争？

• 战争出于人的本性，还是出于可以改变的社会活动？

• 有无公平的方式引导战争？或者，它根本就是无可救药的野蛮杀戮?

- 战争结束后,如何进行战后重建?谁来负责?

关于"**战争与和平伦理学**",有三个主要学说(传统)[1,3]:

- 实在论
- 和平主义
- 正义战争

9.3.1 实在论

实在论者(realists)相信,在无政府主义的世界体系中,战争是不可避免的。古典实在论者包括:

- **修昔底德**(Thucydides,古希腊历史学家,撰写《伯罗奔尼撒战争史》。)

- **马基雅维利**(Maciavelli,佛罗伦萨政治哲学家,撰写《君主论》[原则 II]。)

- **霍布斯**(Hobbes,英国哲学家,撰写《利维坦》,指出:自然状态导致"每个人反对每个人的战争"。)

现代实在论者包括**乔治·凯南**(George Kennan)、**莱因霍尔德·尼布尔**(Reinhold Niebuhr)和**亨利·基辛格**(Henry Kissinger)。

实在论学说对政治学家、学者以及从事国际事务的人产生了巨大影响。实在论的核心问题是对国际关系中的道德和正义充满怀疑。按照实在论的观点,只要国家为了自身利益,战争必然会爆发,战争一旦爆发,国家必然不择手段,以打赢战争。在战争中,"**怎么都行**"(anything goes),也就是说,战争期间,国际战争法不再适用。

实际上,有两种不同类型的实在论:

142

描述实在论（descriptive realism）：按照描述实在论的原则，战争期间，国家不可能有任何道德的行为，无论出于动机的理由，还是出于对抗的理由。这是因为，交战国不是为道德和正义所激励，而是出于权力、安全和国家利益的考虑。

规范实在论（prescriptive realism）：按照规范实在论的学说，明智的国家是不得不在国际舞台上采取非道德的行动。实在论者相信，如果一个国家太过道德，其他国家就很可能剥削它，行为更具攻击性。因此，为了保障国家安全，国家必须发展经济和军事力量，随时准备应对冲突。规范实在论支持的一般战争规则属于这一类型："战争只应是对侵略的回应"，或者，"战争期间，不应当用杀人武器直接攻击非战斗人员"。这些规则类似于"正义战争"规则。不过，规范实在论采纳它们的理由与**"正义战争"**（just war）理论大相径庭。规范实在论认为这些规则有用，而**正义战争**则以必须遵守的道德规则为基础。

9.3.2 和平主义

和平主义者（pacifists）热爱和平，反对战争。因此，和平主义实际上是**"反战主义"**（anti-warism）。和平主义反对杀戮，无论一般意义，还是特殊情况；反对出于政治的理由（通常发生在战争期间）施行大规模屠杀。和平主义者不反对不导致杀人的暴力，但是反对战争，他们相信，为诉诸战争辩护，没有任何道德基础。和平主义者认为，战争永远是错误的。针对和平主义的主要批评是：和平主义者拒绝使用残酷的手段保卫他／她自己以及他／她的国家。另一种批评是：不用有效的手段抗击外国侵略，最终是奖励侵略，无法保护需要保护的人民。

9.3.3　正义战争理论

正义战争理论（just war theory）具体阐明，根据什么条件判断诉诸战争是不是正义的；根据什么条件判断战争应当如何实施。**正义战争理论**似乎是透视战争与和平伦理学最有影响的视角。**正义战争理论**实质上基于基督教哲学，为奥古斯丁、阿奎那、格劳秀斯、苏亚雷斯等人所支持。人们普遍认为，**正义战争理论**的奠基者是亚里士多德、柏拉图、西塞罗和奥古斯丁。

正义战争理论试图以平衡的方式综合以下三个论点：

- 杀人是严重的错误。
- 国家（states）必须保卫它们的公民和正义。
- 有时候，保护无辜者的生命，捍卫重要的道德价值，需要自愿地使用暴力和武力。

正义战争理论包含三部分，其拉丁名称广为人知：*jus ad bellum*（开战正义）、*jus in bello*（战时正义）、*juspost bellum*（战后正义）。

9.3.3.1　开战正义

开战正义阐明，必须具备什么条件，才能为使用军事力量的正当性辩护。发动战争并调遣军事力量的政治领导者，有责任遵从**开战正义**。如果他们不履行责任，便犯了战争罪。为诉诸战争辩护，必须满足的**开战正义**提出如下要求[①]：

1. 正义理由（Just Cause）　战争必须出于正义的理由。恐惧邻国

---

① 今天，绝大多数国家都认可这一立场：国际和平与安全需要联合国安理会批准，然后才能对侵略进行武力反击，除非威胁迫在眉睫。

的力量并非充足理由。主要的正义理由是纠正错误。想诉诸战争的国家必须证明，这么做是出于正义的理由（例如，抵抗进攻、夺回被抢走的东西、惩罚做错事的人，以及纠正公众的罪恶）。

2. 正确意图（Right Intention）　允许国家发动战争的唯一意图是出于**正义原因**。为了发动战争，光有正当的理由是不够的。诉诸战争背后的真实动机，也必须在道德上是正确的。允许诉诸战争的唯一正确的意图，是将正义原因理解为对安全和统一的严重关切。任何其他意向都是不合法的（例如，寻求权力、领土掠夺，或者复仇）。种族仇恨或种族灭绝应完全予以排除。

3. 合法权威和宣布（Legitimate Authority and Declaration）　一个国家要发动战争，当由那个国家合适的权威人士决策（按照宪法的规定），并且公开宣布（向其公民和敌对国宣布）。

4. 最后手段（Last Resort）　战争必须是最后手段。一个国家，只有首先尝试了一切可能的非暴力手段之后，才可以发动战争。

5. 比例相称（Proportionality）　战争必须是对等的。士兵只能对他们攻击的目标使用对等的武力。他们必须最低限度地使用武力，达到目的即应收手。大规模杀伤性武器显然比例失衡，突破法律的底线。

6. 成功的机会（Chance of Success）　一个国家只有在能够预见这么做会对局势产生可衡量的影响时，才可以发动战争。这一规则的目的是阻止徒劳无益的大规模暴力行为，但它并未包含在国际法中，因为它被认为是针对小国、弱国的。

若为宣战的正当性辩护，必须满足上述标准的每一条。

144

9.3.3.2 战时正义

"战时正义"指战争过程中的正义，即以合乎道德的方式进行战争。恪守**战时正义**的责任，主要落在计划和实施战争的军事指挥官、军官和士兵肩上。他们必须对违反战时正义、国际法和原则的行为承担责任。

根据**国际战争法**（international war law），战争的实施应该服从一切国际武器禁用法，例如，不使用化学或生物武器①，以及给予**战俘**（prisoners of war, POWs）仁慈的检疫隔离。**国际战争法**（international law of war，或，international humanitarian law [**国际人道主义法**]）只有大约 150 年的历史，它出于人道主义的目的，试图限制武装冲突的后果。主要范例是《日内瓦公约》（*Geneva Conventions*）、《海牙公约》（*Hague Conventions*）以及相关的**国际议定书**（international protocols, 1977 年和 2005 年补充）。国际人道主义法是国际法的一部分，支配国家间的关系。《日内瓦公约》和其他战争条款的"**守护者**"是国际**红十字会**，但是，它无法扮演"警察"或"法官"的角色。这些功能属于国际条约，这些条约要求避免和终止战争侵害，惩罚那些对"**战争罪**"负有责任的人。

人道主义的"战时正义"法，其基本原则如下：

1. 区别对待（Discrimination） 杀害平民，即非战斗人员，是不道德的。士兵只允许使用非禁止性武器，抗击伤害他的人。因此，士兵必须在（非武装的）平民与那些正式的军事、政治和工业目标之间加以区分：前者，在道义上，不应当受到直接的、有目的的攻击；后

---

① 战争法并没有禁止使用核武器，但是，它是一个禁忌，二战之后从未使用过。

者则涉嫌侵犯他人基本权利。不过，在所有情况下，或许会发生一些附带的平民伤亡。如果这些伤亡不是故意针对平民的结果，将被认为是情有可原的。

2. 比例相称（Proportionality） 整个战争过程中，士兵只允许使用与攻击目标比例相当的武力。盲目的狂轰滥炸（正如 1900 年以后所有战争中那样，平民的伤亡人数超过军队的伤亡人数）是不道德的，不被允许。

3. 善待战俘（Benevolent treatment of prisoners of war） 被俘的敌方士兵不再对基本权利有致命威胁（即**"不再进行伤害"**），因此，应对他们施以仁慈，不虐待，将他们与战区隔离，当战争结束后，应当与己方的战俘进行交换。

这一规则起源于古希腊，希腊哲学家倡导的生活方式将**"人"**（human）作为**核心价值**（the "value par excellence"）。在这种价值指导下，**柏萨尼亚斯**[1]，一个二十多岁的年轻人，**普拉提亚**战役（Plataea, 公元前 479 年）希腊军队总司令，喊出了这样一句话——"Βάρβαροι μεν, άνθρωποι δε."（"他们或许是野蛮人，但他们毕竟是人"），成了支持援救波斯战俘的论据。古希腊政治家还确立了一个国家目标：不仅要保护公民的生命，而且要激励公民奔向高品质的生活。

4. 可控武器（Controlled weapons） 允许士兵使用"本身并不邪恶"的可控武器和手段。种族灭绝、种族清洗、有毒武器、强迫被俘士兵参加打击他们一方的战斗，等等，都是**正义战争**理论所不允许的。

---

① 原文是 Pausany，疑笔误，应该是 Pausanias。——译者

5. 不报复性打击（No retaliation） 当国家 A 在与国家 B 的战争中违反了**战时正义**原则，国家 B 则同样违反**战时正义**予以回敬，企图迫使 A 服从规则，这就是报复性打击。历史证明，这种报复性打击没用，实际上，只会增加死亡人数，扩大战争的破坏性。赢得战争就是最好的报复。

9.3.3.3 战后正义

战后正义指战争最后阶段的正义，即战争结束阶段的正义。其意图是调控战争的结束过程，促进恢复和平。

实际上，关于**战后正义**，不存在任何全球性的国际法。恢复和平留给了道德法则。其中有一些（并非全部）列举如下：

- **比例相称**（Proportionality） 恢复和平应当公道，可以度量，也应当公开宣布。

- **权利维护**（Rights vindication） 在道德上应当提出生命和自由的基本人权以及国家主权问题。

- **区分**（Distinction） 应当对参与谈判的战败国，区分其领导者、士兵与平民。战后惩罚措施，必须合理地排除平民。

- **惩罚**（Punishment） 对于违反正义战争规则，应该给予一些惩罚，诸如战争赔偿（根据区分和比例相称），侵略国的制度改革，等等。对于战争罪行的惩罚，同样适用于交战各方。

以上论述清楚地表明，只有当战争有正当理由且以正确的方式进行时，才是**正义的战争**。一些战争确实出于正义，但是在战争过程中，因为采取的方式手段过激，故而被认为是非正义的。这意味着，战争不仅需要正义的目的，而且需要使用正义的作战手段和方法，与

146

要纠正的错误相称。例如，用原子武器摧毁敌方的一座城市，以报复他们入侵一座无人居住的岛屿，这个战争就是不道德的，尽管战争的起因是正义的。最后，需要指出的是，一些人主张，"**正义战争学说**"（Just War Doctrine）本质上就是不道德的，另一些人则认为，战争没有伦理学，或者，正义战争学说根本不适用于现代冲突。

在国际武装冲突中，通常很难判定哪个国家违反了《**联合国宪章**》。战争法（国际人道主义法，International Humanitarian Law）不包括谴责有罪的诸方，因为那样必然引发争论，使法律无法实施，争论各方都声称自己是侵略的受害者。因此，**战时正义必须始终独立于开战正义**。受害者及其人权应该得到保护，无论他们属于哪一方(http:// lawofwar.org)。

9.4　战争机器人伦理学

现在或未来的机器人大多用于服务、治疗和教育，引发了不少的伦理问题，它们更直接地关系到军事机器人，特别是战争／致命机器人。尽管完全自主的机器人尚未在战场使用，但是，在战争中使用致命机器人参与战斗，其利益和风险至关重要。

除了常规武器，同时也使用机器人武器的战争，其伦理和法律规则，至少包括第 9.3 节讨论的所有战争规则（原则）。假设现代战争遵循正义战争原则，那么，所有的**开战正义**、**战时正义**以及**战后正义**等规则，都应该得到尊重。不过，使用半自主／自主性机器人，则增加了新的规则，需要特别考虑。

战争机器人的使用涉及以下四个基本问题：

• 开火决定（Firing decision）

• 区别对待（Discrimination）

• 责任归属（Responsibility）

• 比例相称（Proportionality）

9.4.1　开火决定

目前，使用机器人武器杀人的决定权，依然掌握在人类操作者手 147
里。这样做不仅是出于技术的原因，而且也是出于人们的意愿，希望
确保人始终留"**在圈内**"（in-the-loop）①。[6] 这里的问题是，在战场上，
人为开火与自主开火之间的分界地带，正在不断缩小。如罗纳德·C.
阿金 [7] 所述，即便所有的战争机器人都为人类所监管，实际情况究
竟如何，人们恐怕仍然是乱麻一团，不得其解。此外，人们不可能始
终不给机器人系统以完全的自主性。例如，按照美国国防部（国防部
助理部长办公室）的看法，为了高效率运作，战斗飞行器必须是完全
自主的。[8] 这是因为，某些情况稍纵即逝，需要迅捷的信息处理，所
以应该交由机器人系统作出重要决策。但是，战争法则要求"**盯紧目
标**"（eyes on target），或者亲力亲为，或者用电子和推测方式实时追
踪。[9] 如果士兵必须监控每个机器人的一举一动，那将大大限制机器
人的设计功效。机器人可以更加精确有效，因为它们更快捷，能够比
人更好地处理信息。

---

① 需要指出，关于人参与选择目标和开火，还有另外两个范畴：**人在圈旁**（human-on-the loop，机器可以在人的监督下选择目标并开火，人能中止机器人行动）与**人在圈外**（human-out-the loop，机器人能够选择目标并开火，无须任何人的输入或指引）。

有关研究[10]作出预测：随着投入战场的机器人不断增加，最终数量或许超过人类士兵。不过，尽管自主机器人武器不会因其自主性而不合法，**正义战争法**却要求，攻击目标应当尊重区别对待和比例相称原则。

9.4.2 区别对待

区别对待（Discrimination）是使用机器人武器方面最受关注的伦理学问题。正如本章第9.3.3.2节所讨论的，区别对待（区分战斗人员与平民，以及军用设施与民用设施）是正义战争理论[10]和人道主义法规[11, 20]的核心。人们普遍认为，机器人有能力将合法目标与非法目标区分开来，然而，不同的系统之间差异巨大。有一些传感器、演算或分析方法，运行稳健，效果绝佳；另外一些则品质低劣，错误不断。今天，机器人仍然不具备良好的视觉能力，无法准确地区别合法目标与非法目标，哪怕是近距离的接触。[12]使用自主性机器人的条件，即战场和动态设置，是一个重要问题，借此可以表明，该系统是否一般合法，而且可以确认，该系统在什么地方使用是合法的，有什么法律约束。

应该指出，合法目标与非法目标之间的区分，并非纯粹的技术问题，因为没有"什么算作平民"的清晰定义，所以该问题变得十分复杂。根据1944年《日内瓦公约》，人们可以根据常识界定平民，1977年《第一议定书》（Protocol I）把平民定义为：任何不是现役战斗人员（战士）的人。当然，目标的辨别，对人类士兵而言也是一个困难的任务，容易出错。因此，这里的伦理问题是："我们是否应该为机器人系统设立更高的标准——至少在不远的将来，我们自己还无法达到

148

的标准?"有人 [13] 主张,不应该使用自主性致命机器人,直至有充分证据证明,该系统能够在所有情况下精确地区分士兵与平民。不过,也有人 [7] 提出针锋相对的观点:尽管自主性(无人操作的)机器人武器有时也会出错,但是,从总体上看,它们的行为比人类士兵更合乎道德。他们指出,人类士兵(即便受过道德训练)在战争中非常容易犯错,难以面对正义战争的局面。不少人 [9] 也承认,人类士兵的确不太可靠,有证据表明,当恐惧和紧张时,他们或许会作出非理性的举动。由此推断,战争机器人不会恐惧和紧张,所以,它们的行为不取决于环境,比人类士兵更合乎道德。人类历史上,战时暴行接连不断,贯穿始终。因此,以为它们可以完全消除,恐怕并不现实。另一方面,武装冲突将继续存在。相关研究 [9] 表明:"既然战争机器人能够明显减少战场上的不道德行为(大大降低人力成本和政治成本),人们有充分的理由促进其发展,并研究它们道德行为的能力。"无论如何,"在城镇步兵作战的条件下,人们或许认为,自主性机器人系统区分平民与战士的能力不充分、不合法,但是,在很少(如果有的话)平民出现的战场环境里,则是合法的"。[14] 目前,"没有人认真期待,在战场上用遥控或自主系统完全取代人。许多军事任务始终需要人在场,即便在某些环境中,有高度自动化,有时是自主性系统,与他们并肩作战,协同行动"。[14]

9.4.3 责任归属

当机器人用于工业、医疗和服务任务时,万一失败,其责任归属并不清晰,需要考量伦理和法律两方面的问题。在使用战争机器人的情况下,这些问题要严重得多,生死攸关:战争机器人的用途是杀

人，以拯救其他人的生命，而医用机器人的用途是拯救人的生命，却不剥夺他人的生命。问题在于：倘若自主机器人（有意或无意）引发不当战斗或未经授权造成伤害，应当谴责和惩罚谁？设计师、机器人制造商、采购官员、机器人操控员／监管人、军事指挥官、国家总理／总统，还是机器人本身？[13, 15-18] 或许，责任链是一个简单的解决方案，指挥官最终要承担责任。倘若赋予机器人更高的自主性，未来甚至使其成为部分或完全的道德行为体，情况就复杂了，需要更深入的讨论。战争中使用机器人，可能面临两个问题[9]：

· **拒绝命令**（Refusing an order）　如果一个机器人拒绝指挥官的命令——攻击一个已知窝藏叛乱分子的房子，因为它的传感器"透过墙壁看到"里面有许多儿童，而且它的程序是根据交战规则设计的，即尽量减少平民伤亡，那么，冲突就会发生。我们究竟应当听从机器人的（因为它对情况有更精确的了解），还是应当服从指挥官的命令（因为他／她的命令是根据自己所掌握的信息合法发布的）？另一方面，如果机器人拒绝执行命令，因此造成更大的伤害，谁应当对这种结果负责呢？假如我们赋予机器人拒绝命令的能力，是否会推及人类士兵，使他们违背基本的军事原则："服从命令"？

· **士兵同意冒险**（Consent by soldiers to risks）　现代战争有许多为人所知的例子：半自主或自主机器人武器发生故障，杀死**"友军士兵"**（friendly soldiers）。因此问题产生了：当使用自主性武器，或者操作危险物品如爆炸物时，士兵是否应该被告知可能招致的危险。如果士兵通常没有权利拒绝一项任务或者作战命令，那么，同意冒险还有什么意义吗？

9.4.4　比例相称

比例相称规则要求，即便武器通过区别测试，该武器也必须进行评估，确认在防止可预测的平民伤害（平民个人或平民设施）方面，有什么预期的军事优势。比例相称原则要求，对平民的伤害，相对于预期的军事收益，绝对不能过多。当然，由于多种原因，对伤及无辜的评估十分困难。显而易见，无论困难与否，比例相称是**正义战争理论**的基本要求，任何自主机器人武器的设计和编程，都应该尊重这一要求。

9.5　反对自主机器人武器的论证

战争中使用自主机器人武器，主要有三种反对意见：

- 无法为战争法规编程。
- 将人排除在开火决策圈之外，其本身就是错误的。
- 自主机器人武器降低了战争门槛。

以下是这些问题的简短讨论。

150

9.5.1　无法为战争法规编程

为战争法规编程，无论现在还是未来，都是非常困难且富于挑战性的任务。这一努力的主要目的是完善自主机器人系统，使其决策限制在战争法的范围内，能够比人更好地遵守比例相称和区别对待。反对意见是：完全自主机器人，很可能永远不能满足战争伦理和法律的标准。它们根本无法通过战争伦理学的"图灵测试"（Turing test）。正

如前面讨论的，人工智能应允的太多了，这个领域的许多杰出工作者已经警告过，没有任何机器能够通过程序设计取代人类的情绪、同情以及理解人的能力等关键要素。因此，在武装冲突中，只有人监控机器人武器，才能确保平民的安全。

9.5.2 人在开火决策圈外

针对使用自主机器人武器的第二个反驳是：一架机器，无论智能如何，都不能完全取代人类行为者在场，人才具有良知和道德判断力。因此，致死暴力的使用，无论在何种情况下，绝不能完全托付给一架机器。有人 [14] 指出，"这是一个难缠的论证，因为它止于一个道德原则，人们或者接受，或者不接受"。也有人 [17] 提出一种观点，谓之**"义务论上正确"**（deontologically correct），主张任何武器，只要设计为自动选择目标并自动开火，都应当具备满足战争法基本要求的能力。还有人 [7] 认为，这种能力可以通过**"伦理调节器"**（ethical governor）实现。伦理调节器是一个复杂过程，实质上要求机器人遵循两个步骤。首先，完全自主机器人武器必须评估它所感知的信息，并决定攻击是否为国际人道主义法和交战规则所禁止。如果攻击违反区别战斗员与非战斗员的要求，就不能实施。如果没有违反，也只能遵照操作指令（人在圈旁，human-on-the-loop）开火。然后，自主机器人必须经过比例相称测试，对攻击进行评估。伦理调节器根据技术数据，追随"功利主义进路"，对损害平民或平民设施的可能性作出评估。只有当机器人发现，攻击"满足所有的伦理限制，而且，相对于打击军事目标的必需，已把间接伤害降到最低限度时，才可以开火"。他 [7] 断言，配备了伦理调节器，完全自主机器人就能比人更好

151

地遵守国际战争法。

9.5.3　降低战争门槛

第三个反驳是：自主机器人武器的长期发展，可使人类士兵远离风险，而且凭借高度的精准性，减少平民伤害，从而降低了战争门槛。精准与远离两个特征结合在一起，可以减少战争的伤害性，然而，同样这两个特征，也使战争更容易发生。[13] 一些政治家觉得，保护士兵的生命是自己的道德责任，因而可能努力用机器人取代人类战士。**按钮**（push-button）或**零风险**（risk-free）战争，结果是产生了一堆烂钢铁，而不是人员伤亡（至少使用机器人的国家如此），这大大降低了目前战争对交战国人民带来的情感冲击。令人担忧的是，这或许让一个国家诉诸战争变得更容易，这些战争也许持续更长时间。[9] 但是，如一些人 [6] 指出的，人们几乎始终反对开启不正义的战争，无论它是否把人引向灾难。战争是零风险的事实，其本身并不让人更易接受。[6] 有人 [9] 对这种观点提出挑战：因为"它或许导致更**危险的愚蠢**观念，例如，试图通过增加战争的残忍性来阻止人们诉诸战争"。此外，零风险战争或许会助长恐怖主义，因为对于使用机器人作战的国家，反击的唯一方式就是攻击它的平民。没有战争机器人技术的一方，可以大肆鼓吹恐怖主义，将其作为道德上允许的反击手段。一些研究 [19] 还讨论了关于机器人武器的其他一些考虑。

考虑到完全自主机器人武器可能对平民造成的威胁，哈佛法学院（Harvard Law School）**国际人权诊所**（International Human Right Clinic，IHRC）[20] 等向所有国家，以及所有从事研发机器人武器的机器人专家和其他科学家，提出如下建议：

致所有国家

- 利用国际法律约束工具，禁止研发、生产和使用完全自主性武器。
- 通过国家法律和政策，禁止研发、生产和使用完全自主性武器。
- 着手审查可能导致完全自主性武器的技术和部件。这些审查应从研发过程的起点开始实施，并持续贯穿于研发和测试的各个阶段。

152　**致研发机器人武器的机器人专家和其他参与者**

- 制定专业行为准则，控制自主机器人武器的研究和发展，特别是那些可能完全自主的机器人武器，以确保在技术研发的所有阶段，充分考虑当这些武器用于军事冲突时，涉及什么法律和伦理问题。

9.6　结语

国家之间的战争是一个无法彻底消除的现象，但可以合理地控制，降低伤亡人数，减少物质方面的破坏。探讨战争的发动、实施和结束，其主要进路范围广泛，从**反战主义**（和平主义）直至**实在论**（战争是不可避免的；战争中"怎么都行"），中间则有**正义战争**理论。历史上并非所有的战争，包括近期发生的战争，都服从**正义战争**法则。我们这个时代，大规模战争为**联合国安理会**所控制。

这一章阐述战争中使用机器人（半自主／自主）的伦理问题。为

此，勾勒了"什么是战争"以及"什么是国际战争法 / 人道主义法"，
为讨论"战争机器人伦理学"提供背景。实际上，基于机器人的战争
是由精密的机器、系统和方法操控的战争，因此，除了标准的战争伦
理学问题，还产生了更多的问题和担忧，尚未得到完全的、准确的解
决。精致的机器人正在日益发展，更加智能、更多自主，因此，需要
进一步研究，以解决未来可能提出的新的伦理问题。

参考文献

[1] Coates AJ (1997) The ethics of war. University of Manchester Press, Manchester

[2] Holmes R (1989) On war and morality. Princeton University Press, Princeton

[3] Stanford encyclopedia of philosophy, war, 28 July 2005. http://plato.stanford.
edu/entries/war

[4] BBC, Ethics of war. http://www.bbc.co.uk/ethics/war/overview/introduction.
shtm (Nowarchived)

[5] Singer P (2009) Wired for war: the robotics revolution and conflict in the 21st
century. Penguin Press, New York

[6] Asaro P (2008) How just could a robot war be?. IOS Press, Amsterdam, pp
50–64

[7] Arkin RC (2000) Governing lethal behavior in autonomous robots. CRC Press,
Bocan Raton

[8] http://www.defence.gov/Transcripts/Transcripts.apsx?TranscriptID=1108

[9] Lin P, Bekey G, Abney K (2009) Robots in war: issues of risk and ethics. In:
Capuro R, Nagenborg M (eds) Ethics and robotics. AKA Verlag Heidelberg,

Heidelberg, pp 49–67

153

[10] Walzer M (2000) Just and unjust wars: a moral argument with historical illustrations. Basic Books, New York

[11] Schmidt MN (1999) The principle of discrimination in 21st century warfare. Yale Hum Rights Dev Law J 2(1):143–164

[12] Sharkey N (2008) The ethical frontiers of robotics. Science 322:1800–1801

[13] Sharkey N (2008) Cassandra or false prophet of doom: AI robots and war. IEEE Intell Syst 23(24):14–17

[14] Anderson K, Waxman M Law and ethics for autonomous weapon systems: why a ban won't work and how the laws of war can, laws and ethics for autonomous weapon systems. Hoover Institution, Stanford University. www.hoover.org/taskforces/national-security

[15] Asaro A (2007) Robots and responsibility from a legal perspective. In: Proceedings of 2007 IEEE international conference on robotics and automation: workshop on roboethics, Rome

[16] Sparrow R (2007) Killer robots. J. Appl Philos 24(1):62–77

[17] Hennigan WH (2012) New drone has no pilot anywhere, so who's accountable? Los Angeles Time, 26 Jan 2012. http://www.articles.latimes.com/2012/jan26/business/la-fi-auto-drone- 20120126

[18] Cummings ML (2006) Automation and accountability in decision support system interfacedesign. J. Technol Stud 32:23–31

[19] Lin P (2012) Robots, ethics and war, the center for internet and society. Stanford Law School, Nov 2012. http://cyberlaw.stanford.edu/blog/2010/12/robots-ethics-war

[20] HRW-IHRC (2012) Losing humanity: the case against killer robots, Human Rights Watch. (www.hrw.org)

第 10 章

日本的机器人伦理学、文化间际问题和立法问题 ①

为共同利益，而不是为个人利益制定法律，无论对于城邦还是　155
对于个人，都是有益的。

——柏拉图（Plato）

一个国家（nation），作为一个社会，形成一种道德人格，其中
每个成员在人格上都对他的社会负有责任。

——托马斯·杰弗逊（Thomas Jefferson）

10.1　导论

第 1—9 章提供的材料，以欧洲／西方的哲学、道德和机器人伦
理学文献为基础。本章试图根据日本本土作者 [1-5] 发表的相关成果和

① © Springer International Publishing Switzerland 2016

S.G. Tzafestas, Roboethics, Intelligent Systems, Control and Automation:

Science and Engineering 79, DOI 10.1007/978-3-319-21714-7_10

知识，概述**日本的机器人伦理学**（Japanese roboethics）。日本这个国家，传统上甚至相信山脉、树木和石头都有灵魂。日本人对他们的产品和工具（机器人玩具、玩偶、宠物等）满怀情感，给它们起名字，待遇几乎如同家庭成员。一般说来，日本文化在许多问题上都是独一无二的，具有新旧混杂的显著特征。在技术和当代艺术的潮流，诸如**日本动画**（anime）和**日本漫画**（manga，连环画［comics］）中，我们可以发现其与过去有着清晰而直接的联系（如武士道和艺妓）。[6]西方媒体经常援引**日本神道教**（Shinto, 本土崇拜），作为日本人亲和机器人的理由。本章还将考察日本其他一些本土传统，它们塑造了日本对智能机器和机器人，特别是类人（humanoid）机器人的和谐感。

韩国人也积极参与机器人研发，展望未来的机器人，如**类人**机器人——**男性**机器人（androids，该词源于希腊文"ἀνδρας"：andras= 男人）或**女性**机器人（gynoids，该词源于希腊文"γυνή"：gyni= 女人）。在韩国，还制定了《机器人伦理学宪章》（*Robotics Ethics Charter*），为人—机器人共存建立伦理学准则。[7, 8]

156　　　具体说，本章目的如下：

- 综述日本本土伦理学和文化。
- 讨论日本机器人伦理学的基本面向，及其与西方机器人伦理学的差异。
- 讨论文化间际哲学的几个基本问题。
- 概述信息伦理学和机器人伦理学几个基本的文化间际问题（目的、解释、共享规范以及共享价值）。
- 简要描述欧洲和韩国关于机器人的立法问题（包括《韩国机器人伦理学宪章》）。

10.2　日本的伦理学和文化

伦理学反映人民的精神面貌。由于宗教、文化和历史背景不同，日本伦理学与西方伦理学有实质性差异。日本伦理学基于一些本土概念，如**神道教**。日本社会传统沿着两个途径发展[1]：

- 避免一些生活问题中出现抽象概念。
- 避免直接的情绪表达。

结果，社会生活问题，诸如伦理关怀、评价事物和事件、战争期间的事变，等等，都要放在文化语境下考虑，面向：

- 个人—物直接结合（Mono）
- 个人—个人的关系（Mono）
- 事件（Koto）
- 内心境况（Kokoro）

这些情况的发生，通过有中介的间接表达方式，表达 Mono 和 Koto 情境中共同的（共享的）感知、情感或情绪等。

日文的"**伦理学**"（Ethics）一词是"**Rinri**"，意味着对共同体的研究（study of community），或者，如何获得人际关系的和谐。在西方，伦理学有更多个人主义或主观的基础。根据和辻哲郎（Tetsuro Watsuji，1889—1960）的看法，Rinri 研究 **Ningen**（人际，human beings）。**Ningen** 源于 **Nin**（人，human being）与 **gen**（"空间"[space]或"之间"[between]）。因此，**Ningen** 是个人和社会"间际"（betweeness）。

Rinri 一词由两个词合成：**Rin** 和 **Ri**。Rin 意指并非混乱的一群人（共同体，社会），即保持一种秩序，Ri 指保持秩序的过程（或者，**合理的途径**[reasonable way]）。因此，Rinri 实际上意味着具有恰当而

合理的途径，用以建立秩序，保持和谐的人际关系。这里提出的问题
是：什么才是获得秩序的合理的／恰当的途径？在现代日本，Rinri 以
某种方式保留了**武士道**（Samurai code）。在 16—18 世纪（**江户时代**，
Edo Period），日本伦理学追随**儒家思想**和**武士道**（Bushi-do），武士的
生存之道确保其政权的延续（对主人绝对忠诚，心甘情愿为主人效
力），即儒家伦理学。[2]

在日本的伦理学中，对人的行为负有社会责任（道德责任，moral
accountability）的概念，自日本古典时期就有了，那时，个人与社会是
不可分割的。每个人对共同体都负有责任，对包含诸多共同体的世界
负有责任。这类伦理学，即社会的和谐支配个人的主体性，是日本伦
理学的根本特征。

10.2.1 Shinto

Shinto（神道教，或 **Kami-no-michi**）是日本人的本土崇拜。它
包含一套修行，为了建立现代日本与古代日本之间的联系，必须努力
践行。今天，Shinto 成为一个术语，指公共**神殿**（shrines），适用于
各种目的（例如，丰收节庆、历史记忆、战争纪念日，等等）。在日
文中，Shinto 意味着"神之道"（way of God），在现代文献中，这个
词通常指对**日本神的崇拜**（Kamiworship），以及相关的神学、仪式与
实践。

实际上，Shinto 意指"**日本传统宗教**"，与外来宗教（基督教、佛
教、伊斯兰教等）相对照。从词源学看，**Shinto** 由两个词构成：**Shin

157

（精神）和"**to**"（哲学之路）。**Kami** 一词，在英语里被定义为"**精神**"（spirits）、"**本质**"（essences）或"**神明**"（deities）。在日本，绝大多数"生活事件"（life events）为 Shinto 所掌管，"死亡"或"往生"则由"**佛教**"掌管。出生庆典在 Shinto 神殿举办，葬礼则遵循佛教传统，强调实践高于信仰。与大多数宗教相反，人们无须公开承认信奉 Shinto 就是信徒。

Shinto 的核心包括以下信念：

- **万物有灵的世界**（Animist world） 世界万物都是自发创造出来的，都有自己的精神（tama）。
- **人工制品**（Artifacts） 它们并不抗拒自然，却可用来改善自然的美，带来善好。

这意味着，日本人相信世界的超自然创造，世间一切造物（日、月、山、河、树木，等等）都有自己的精神或神灵，控制自然和人类现象。这个信念影响着日本人与自然和精神生活的关系，后来进一步扩展，包括带来善好的人工制品（工具、机器人、汽车，等等）。对象的精神与它的所有者是一致的。

西方与日本的伦理学观念主要有以下差别：

158

- **西方伦理学**，以"层级制的世界秩序"为基础，人高于动物，动物高于人工制品，以及"统一的自我"（coherent self，不为佛教所接受）。
- **日本伦理学**，基础则是对人、自然与人工制品之间关系的利用。

10.2.2 Seken–tei

"**seken-tei**"这一概念通常解释为"**社会表现**"（social appearances）。

seken-tei 发源于武士阶层（**shi, bushior** 或 **samurai**），因为他们十分重视保全"面子"（face），顾及在同代人中姓氏和地位的荣誉。尽管第二次世界大战结束后日本社会发生巨变，但是 seken-tei 保留下来，继续对日本人的精神世界和社会行为产生重要影响。[4]

"seken-tei"一词，由词"**seken**"（人们共享日常生活的共同体，即店主、医生、教师、邻居、朋友等）与后缀"**tei**"（指"**表现**"）合成。因此，"**seken-tei**"就是在 **seken** 的人民面前如何表现（社会表现）。

从"**社会心理学的**"观点看，可以将"seken"的结构描绘成同心圆。最里面的圆包括家庭成员、亲属和亲密朋友。最外面的圆包含我们漠不关心的陌生人。中间地带可以细分为较狭窄的"**seken**"（同事、上司，以及其他认识你的人）。这是日本人社会行为的核心要素。你若是认为"seken"群体的成员不赞成你的某些行为，那么这一信念会产生很强的效力，甚至达到精神折磨的程度，引发非常极端的反应，诸如自杀。

日本人的生活有一些矛盾之处，其中之一涉及隐私。[3] 人们想要自由，并有权利支配个人的信息。然而，与此同时，绝大多数人却与他人分享事关私人事务的秘密信息，借以获得"真正的朋友"。而且，大多数日本人不喜欢媒体窥探受害人的隐私。但是，也有许多日本人认为，受害人的个人信息，包括他们的职业、人际关系、个性、生活史等，又是需要被大众知晓的，因为这便于知晓犯罪的"深层原因和意义"。

实际上，这是"**Seken**"（世间）与"**Shakai**"（社会）之间的二分造成的。[3] Seken 由传统和本土的世界观（或思维和情感方式）构成。

Shakai 是世界的另一面，涉及**现代化的**（即**西方化的**）世界观或思维方式，深受从西方国家舶来的系统化概念的影响。**Seken** 与 **Shakai** 之间的**二分法**（dichotomy），有助于我们深入洞悉日本人的心态，至少可在某种程度上，解释上面提到的矛盾态度。

为了更好地理解日本文化明显的矛盾特征，Seken-Shakai 的二元论被 **Ikai**（异界）概念提升了，因此，我们获得 **Seken-Shakai-Ikai** 的三分法。**Ikai** 是其他东西的世界，即 Seken 或 Shakai 中的价值，作为世界规范的一面，被隐匿或被遗忘的意义，**Ikai** 的一面产生于邪恶、犯罪、灾难、不洁，伴随着与艺术和其他精神意义相关的自由。**Ikai** 概念（也称 Muen［无缘］）仍为人们所研究，它对于深入理解现代领域中日本人的心态、文化和社会，起着至关重要的作用。[3]

10.2.3 Giri

另一个日本本土文化概念是 Giri（义理），一般解释为**"责任"**或**"义务"**，产生于与其他人进行的社会互动。但是，这种解释没有揭示重要**"色调"**（tints）的广谱。[4] 即便在今天，"giri"概念依然是日本社会关系的重要组成部分，并且，始终是各种艺术"表演""木偶戏剧""电影""电视剧"的标准题材，赚取观众的眼泪。giri 是动态而复杂的，产生于**固执己见**（obstinacy）、关心他人、社会责任与道德恩惠的混合。Giri 的关系并非当事各方一致同意的结果，而且，关于所作所为是否充分，几乎总是模糊不清。因此，许多情况下，它导致挫败感。实际上，giri 的行为是主观的，取决于受影响各方的敏感性。在"giri"中，个人考虑未被忽略，或者，不能清晰地加以分离。在"giri"中，社会规则明显被看作"giri"关系的障碍，尽管在特殊环境

159

下，如果有正当理由，可以违反这些规则。此外，在"giri"关系中，人的行为似乎更人道，并非毫无变通，服从冷冰冰的规则和条例。最后，"giri"的互动引发争论时，人们会努力采取行动，诉诸自发的同意，而不是强迫同意。结果，在法规的预期与日常的实际情况之间，出现一个巨大裂隙，这是基于人际关系考量的许多妥协所导致的结果。尽管这看上去十分奇怪，但在实践中，律师和法院似乎确实不起主导作用，而且总是主动避免"giri"的事务。因此，在日本，当人们之间意见不一或发生争论时，**诚意**（sei-i）比**"权利"**（rights）更重要。

关于 Giri 的社会行为，举例如下 [4]：

- **与"固执"相关的"Giri"**　丈夫（A）和妻子（B）与 A 的母亲 C 一起生活。后来 C"病卧在床"；与此同时，B 的母亲住在另一个城市，即 B 的出生地，也卧床不起。B 的父亲照料着自己体弱多病的妻子。A 向 B 提出，你最好回家照料你的母亲，我照料我的妈妈。但是，B 受"giri"支配，没有听从 A 的建议。

- **与"关心他人"相关的"Giri"**　在上述例子中，A 给妻子的建议是根据"giri"提出的，并不反映他的真实意愿。实际上，他不希望妻子离开他，去照料她的母亲，但是，"giri"要求他这么说。

- **与"好意交换"**（exchange of favors）**相关的"Giri"**　D 和 E 两人在工作中有密切合作。D 把礼物送到 E 家，作为年度合作愉快的答谢。

总而言之，日本的社会规则是复杂的，需要深入理解其礼仪和层级的社会。第一个标志就是与上级或有权势的人交谈时的语言差异（敬语，如 **keigo, sokeigo, kensongo**）。诸如避免眼睛接触、轮流

160

讲话等，都被看作有教养、有礼貌的标志。日本人的"**茶道**"（tea ceremony, cho-no-yu），是社会交往的典型实例，期望参与者知道的，不仅仅是如何奉茶本身，还有茶道所包含的历史和社会传统。茶道的来宾必须学会使用恰当的姿势和步骤，以及正确的饮茶方式。一些日本独有的文化，成为遍及世界的特殊象征。其中之一是 Gheisa（**艺妓**），著名歌舞表演者，擅长音乐、诗歌和传统舞蹈。

10.3　日本的机器人伦理学

日本的机器人伦理学（Japanese roboethics），其驱动力是一般文化以及规范本土行为和信念（包括**万物有灵论**）的伦理学（**Rinri**），同时还有日本的现代化和西方化（**shakai**）过程。西方和日本学者已经揭示西方机器人伦理学与日本机器人伦理学之间的有趣差异。在西方，机器人伦理学考虑如何将机器人用于人类社会，主要是出于恐惧，担心机器人（以及先进技术）可能转而反对人类，或者，违背人的本质。在日本，机器人技术（日文 robotto）发展的任何一个阶段，都将机器人看作带来**善好**（good）的**机器**，并非**邪恶的**东西。日本人倾向于通过人、自然与机器人之间的对话，理解如何与真实的世界相关联。在日本，机器人的研究与发展，强调提升机器人的机械功能，不太关注机器人使用方面的伦理问题。焦点反而是机器人安全使用的法律问题。

日本的伦理学（Rinri）具有支配作用，将机器人纳入基于**万物有灵论**观点的伦理学系统。在人们眼里，机器人与其物主具有同等身份，只要物主以恰当的方式对待它（或它的精神），机器人就必须尊

重物主，以和谐的方式行事，总体上表现出道德的行为。实际上，只有当物主使用机器人时，它们才可能获得身份认同。从空间上看，人（物主）与机器人（机器）共存，和睦相处，决定了他们"间际"（betweeness）的界限。

日本是机器人技术的领袖（有时被称作"**机器人王国**"），始终强调发展先进的社会化机器人。日本"经济产业省"（Ministry of Economy, Trade and Industry，**METI**）试图将机器人工业打造成重要的产业部门，具有区域及国际竞争优势。为此，他们斥巨资启动"**下一代机器人**"（Next Generation Robot，**NGT**）计划，旨在推动真正的技术进步，改善人与机器人的**共生**与合作，提升人类的生活品质。

在日本，自主智能机器人很容易为社会接受，因为人们相信它们具有精神。这有利于为机器人的功能发展做准备，提供实际的指导方针。

正如第8章所述，日本的许多社会化机器人已经进入国际市场（索尼的 QRIO，本田的 ASIMO，日本电器公司的 PaPero、AIBO ［类宠物机器人］，日本工业技术院的 Paro ［海豹宝宝机器人］等）。

围绕**类人机器人**，人们做了大量的研究，这是基于一个富于挑战性的假设：在不久的将来，机器人将直接与人一道工作。这里，提出以下几个重要问题：

· 人们为什么偏爱具有拟人形态的类人机器人？

· 人们为什么因为制造其他类人的产品而倍感兴奋？

· 究竟什么机器人更与人类似：拥有拟人化的形态以及完全的主仆关系，还是超智能的金属机器（计算机）？

本田（HONDA）是持续研发类人机器人的日本主导公司。图

161

10.1 展示了本田类人机器人 ASIMO 的研发（R&D）过程。

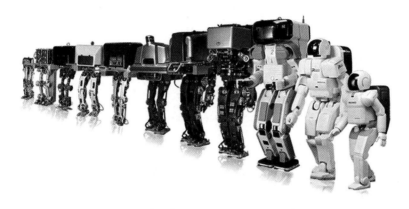

图 10.1　本田类人机器人 ASIMO 的发展过程

资料来源：http://world.honda.com/ASIMO/history/image/bnr/bnrL_history.jpg

　　世界各地的学者常说，在日本关于机器人应用的伦理学问题似乎讨论得不太普遍。北野菜穗 ① [5] 指出，真相并非如此，日本表面上缺乏这种伦理学讨论，是因为日本与西方的文化和工业之间存在差异。北野菜穗提出一种日本机器人伦理学理论。她认为："机器人的研究者并不试图纯粹地复制自然物和生命物。他们的目的不是用机器人替换（或取代）人，而是要创造一种新工具，目的是以任何可见的形式与人一道工作。"

　　加尔万（Galvan），天主教神父、哲学家，试图回答"人是什么"这一问题。[5, 9] 该问题的答案，也包含对其他一些问题的回答："人与类人机器人之间的界限是什么？在什么地方划界？""人类的边界在哪里？""要设立某种伦理边界吗？""我们能走多远？"按照他的看法，

162

---

　　① 　原文 Kitan，根据本章"参考文献"[5]，疑为 Kitano 的笔误。——译者

技术帮助人类将自己与"动物"王国区分开来。人与类人之间的重要区别是**自由意志**（free will），所以类人绝不可能取代人的行为，人的行为起源于自由意志。

二战后，除了经济和工业发展之外，日本的电影和电视出现许多栩栩如生的大众机器人角色，例如[5]：

- **铁臂阿童木**（Mighty Atom）：拯救人类、抗击邪恶的英雄，代表一种"儿童科学"。

- **哆啦A梦**（Dora Emon）：一只宠物机器人，是一个人类男孩（大雄）最好的朋友。

与西方的机器人角色（例如，Shelley 和 Capek 等）不同，亦与西方的小说人物（如阿西莫夫的主人公）不同：日本人的想象是为了拯救人类，因而表现出机器人与人的**和谐共生**（harmonious symbiosis）。

面对老年人数量急剧上升，日本政府（**METI**）与研究机构和机器人社团（如日本机器人协会，**JARA**）合作，研发和推行各类服务型机器人（家务机器人、医用/助力机器人、社会化机器人，等等）。

10.4 文化间际哲学

正如第 2 章讨论的，伦理学有自身的哲学基础，并依赖于民族的精神状态（mindset）。因此，在考察**文化间际机器人伦理学**（intercultural roboethics, **IRE**）和**文化间际信息伦理学**（Intercultural Information Ethics, **IIE**）之前，讨论一些"**文化间际哲学**"（intercultural philosophy）问题，将十分有益。

欧洲哲学（更一般地说，**西方哲学**）起源于古希腊哲学。后者关注两个基本问题，即 "τι εστιν"（"ti estin" = "what is"[**所是**]）和 "τι το όν"（"ti to on" = "what is being"[**是其所是**]），涉及 "**存在**"（existence）的本质。"**what is**" 的问题是前苏格拉底哲学家巴门尼德（Parmenides）提出来的，他大约公元前 515 年出生于希腊殖民地爱利亚（Elea）。巴门尼德解释说，**实在**（reality），即 "**what is**" 是一（变化是不可能的），"**存在**"（existence）是没有时间、始终如一、必然的、不变的。他唯一为人知晓的作品是诗《**论自然**》（*On Nature*），包括三个部分：

163

- Προοίμιον（"proem" = "introduction"）**导论**
- Αλήθεια（"aletheia" = "the way of truth"）**真理之路**
- Δόξα（"doxa" = "the way of appearance opinion"）**意见之路**

他的观念影响了整个希腊和西方哲学。"**真理之路**" 讨论 "**什么是实在**"，相对于 "**什么是虚幻**"，虚幻来自感官能力。他把这种虚幻的观念称作 "**现象之路**"（the way of appearances）。根据巴门尼德的观点，"**思想**"（thinking）和 "**思想所是**"（thought that it is）是一回事，因为你离开 "**所是**"（what it is），根本不能发现 "**思想**"，与此相关，语言表述也是如此，因为 "**知道**（to be ware）**与 to be**（是或存在）**是一回事**"。说和思想 "**what it is**" 是必然的，因为 "**是者是**（being is），**不是者不是**"（not being is not）。这种哲学的基本面向是：当我们询问 "某物的本质是什么" 时，就研究和理解 "**什么**"（what）这个词的含义。并非所有的哲学家一致认为 "什么" 一词的含义是相同的。苏格拉底、柏拉图、亚里士多德以及其他古希腊哲学家都使用这个词，却给予它不同的解释。欧洲哲学家，像康德、黑格尔和笛卡

尔，进一步运用"**what**"一词与"**existence**"（**存在**）本质的不同意义，以发展他们的哲学。笛卡尔（1596—1650）为17世纪欧洲大陆**理性主义**奠定了基础。他的哲学方法，被人称作**笛卡尔式的怀疑**，或**笛卡尔的怀疑主义**，追问知识的可能性，将区分真与假的知识要求作为目标。他对"**存在**"（existence）的哲学证明，为他著名的结论所表述："**我思故我在**。"这与巴门尼德的结论相一致，不过用另外一种方式推导出来。海德格尔（1889—1976）运用本体论、存在论、现象学、诠释学等方法，也对 Being 问题进行了广泛研究。他考察了欧洲哲学，并指出，对这些问题的回答，实际上并不导致一种辩证过程，而是导致一个"自由接续"（free sequence）。因此，欧洲哲学从起源到发展，并不只是受希腊哲学约束。欧洲哲学（**欧洲中心论**）是**单一文化的**（mono-cultural）哲学，其内部对话，仅限于共同思考欧洲文化问题的那些人，尽管并不存在一个同质的欧洲文化环境。[10] 海德格尔对于开启多文化的对话颇感兴趣。这里特别提及他的著作《日本人与问询者关于语言的对话》（*Dialogue on Language between Japanese and an Inquirer*）。他的一个著名论述是："我们不说：**Being 是**（Being is），**时间是**（Time is），而是说**有 Being**（there is Being）和**有时间**（there is Time）。"

要发展文化间际哲学，应该最大限度地考虑和整合其他哲学，如印度哲学、中国哲学、伊斯兰哲学、非洲哲学或拉丁美洲哲学。[11] 这可以通过这些传统和文化之间的交流与合作来实现，特别是在当今的"**全球化时代**"，这些文化间际的互动就是人类生存的方方面面（facets）。今天，以局域的方式进行哲学思维已不再充分，亦不重要，而是需要采用文化间际的方式。交通、通信以及互联网的进步，大大

164

促进了文化间际哲学的发展。全球化不得不面对世界及其与特殊文化的关系问题。一些哲学家认为，**普遍性**与**特殊性**尖锐对立（即存在文化"**断裂**"）。另一些哲学家则允许普遍与特殊兼顾，注重它们的相互关系，认为多样性和多元文化不排斥文化统一的形式。这类考察涉及当下关于"**文化间际哲学**"（intercultural philosophy）一词本身的争论。在一些哲学家看来，"文化间际"（intercultural）一词似乎与作为普遍知识的哲学互不相容。

关注文化间际哲学的著名欧洲哲学家有：

罗伊尔·福奈特–贝坦柯特（Raúl Fornet-Betancourt，生于 1946年），研究西班牙、非洲和拉丁美洲文化；**拉姆·阿德哈·玛尔**（Ram Adhar Mall，生于 1937 年），从事印度哲学研究；**弗芬兹·马丁·维默尔**（Frauz Martin Wimme，生于 1942 年）认为，哲学应该重写，将不同于欧洲的其他传统也囊括进来，哲学已经开辟了文化间际对话的多个途径，他称之为 polylogues（多层对话）；**海茵茨·基默勒**（Heinz Kimmerle，生于 1930 年）摆脱了殖民地思维，试图在完全平等的基础上与非洲哲学对话。

探索文化间际哲学的**多层对话**进路包括一些方法，废弃了不合理的普遍主义或相对主义的特殊主义。这种进路的基本规则是："绝不妄言某一作者关于某个特定文化传统的哲学论证是牢固可靠的"，文化间际诠释学的主要原则是经典的"**公平**"（equity）原则。[12] 在文化间际哲学中，不接受武断的观念，亦不假设：伦理和种族的差异相互关联。霍伦斯坦（Elmar Hollenstein）提出一套经验法则，帮助避免文化间际对话的误解。[13] 实际上，人们将文化间际对话 / 多层对话概念看作一种"调节性观念"（regulative idea），为当今的全球化进程提供其他的选项。[14] 讨论和解决哲学问题，诸如，关于实在的基本结构、对实在结构的认识、认知能力以及规范的有效性等问题，必须采用这样一种方式，以至于除非在尽可能多的传统之间进行多层对话，否则，答案／解决方案将无法传播。这是承认概念和方法的相对性，意味着对于人类思想史，持一种**去中心化的**观点。显而易见，要把握各种文化的哲学观点有什么差异，必须考察所有观点的全部，而不是它们的共同点，因为那样做，获得的结果也许是"空虚的"（void）。在比较哲学中，对话具有文化间际性，更是跨文化的（transcultural，并非简单的内部对话），超越哲学的任何非文化的基础，同时，却始终依从这一基础，表达不同意见。按照海德格尔的看法[15]，当**"我们"**进入欧洲传统的（为古希腊人的经验所开创）对话时，**"我们"**一词的意义应当扩展，采取文化间际的解释。

关于文化间际的哲学思考，有两本享有盛誉的杂志：*Polylog*（在奥地利维也纳出版）与 *Simplegadi*（在意大利帕多瓦出版）。*Polylog* 杂志（http://prof.poly-og.org）界定了文化间际哲学及其前景，表述如下：

165

　　我们所理解的文化间际哲学，努力在各自的文化背景下，表达哲学的多种声音，从而承认所有文化的平等权利，形成一种共享的、富有成效的讨论。通过文化间际哲学，我们首先看到哲学的一个新方向，一种新的实践——这种哲学要求互相尊重、互相倾听、互相学习的态度。它之所以指示新的方向，是因为承认哲学的文化情境性质，各种论断必须在文化间际中证明自身，而且，必须有意识地关注一个文化和多个文化，将其作为哲学思维的背景。它之所以引发新的实践，是因为这种意识要求摆脱个体的、单一文化的哲学生产，而要寻求对话式的、有一定发展方向的、基本公开的复合声音，代表各种文化和学科。

涉及多元文化的哲学、社会、道德、政治等问题的较一般性杂志，是 *Diversities*，由**联合国教科文组织**的社会和人文科学会（**UNESCO**-Social and Human Sciences）出版。有一个文化间际哲学的论坛，包括文集、主题、档案和文献，可在 www.polylo.org 找到。人们通过 www.link.polylog.org/jour-en.htm，可以找到关于文化间际哲学的免费在线杂志目录，以及奥地利 *Polylog* 和印度文化间际哲学杂志的印刷版。

10.5　信息伦理学和机器人伦理学的文化间际问题

与**信息和计算机技术**（information and computer technology，ICT）以及机器人学相关的伦理关怀，正在成为重要的全球 / 文化间际问题。运用文化间际哲学的概念和原则，很容易处理这些问题。从理想出发，我们或许希望运用普遍原则，处理全球文化间际语境中出现的机器人学和 ICT 的伦理问题。这里的问题是："这是否可能？"许多学者认为，IIE（文化间际信息伦理学）和 IRE（文化间际机器人伦理学）为西方哲学观念和实践所支配，可能与远东及其他地区的传统无法直接相容。例如，保护个人隐私的论证以西方和自主概念（**个人的自主性**）为基础，完全不同于基于儒家的（日本的）概念，即"**集体公益**"高于并凌驾于个人利益之上。

根据埃斯（Ess）[16,17] 的论述，IIE/IRE 的研究目的如下：

- 研究区域和全球 IIE/IRE 的各方面，尊重区域性价值、传统、偏好，等等。
- 提供共享的普遍或近乎普遍的解决方案，以管控由机器人学和信息技术提出的伦理问题。

正如相关研究指出的[18]，上述目的模糊不清，因为：

- 并不清楚："尊重区域性价值、传统"的意义是什么。
- 并不清楚："共享的普遍或近乎普遍的解决方案"意味着什么。

埃斯表明，IIE/IRE 的目的有两种可能的意义，它们是：

- 提倡"共享的规范，不同的解释"（shared norms-different interpretations）。
- 提倡"共享的规范，不同的辩护"（shared norms-different justifications）。

黄认为，第一个意义不成立，第二个意义只能有限接受。[18] 为了克服这种缺陷，他主张为 IIE/IRE 的目的提出另一个定义，即"建立一套共享的价值"，而不是共享的规范。

根据希马（Himma）[19] 的看法，要界定文化间际伦理学的架构，可能而且必须依次经历两个不同阶段，即：

- 对各种文化的不同道德体系进行描述性分析（经验的考察结果）。
- 对这些道德体系以及相应的目的进行规范性分析，制定普遍的（或近乎普遍的）道德原则，应对与计算机技术／机器人学相关的伦理问题。

描述性分析的任务包括：阐释体现在不同文化传统中的道德规范／道德价值，分析计算机技术／机器人学与不同文化的碰撞。这些经验的考察结果将为确定普遍的（或近乎普遍的）道德原则奠定基础。

规范性分析提供规范的评价性判断，系统阐释从特殊文化视角衍生的伦理问题，同时为管控伦理问题提供共享的普遍解决方案。

显然，人们必须进行描述性（经验的）和规范性分析，以便获得充分的 IIE/IRE 系统，批评和批判那些不遵守规定的人。

正如黄[18] 解释的，在"共享的规范，不同的辩护"框架中，辩护绝非实用主义的，因为实用主义的辩护违背了 IIE/IRE。此外，道德辩护的基础，是特殊道德框架中的道德价值。因此，无论哪种辩护形式，都无助于"共享的规范，不同的辩护"的进路满足 IIE/IRE 的要求。围绕伦理辩护的忧虑，发源于各种文化传统的复杂性。

在西方伦理学中，规范通常以功利主义的方式加以辩护，而否定同一规范，则凭借义务论的论证为之辩护。与此相似，在东方（儒家）伦理学中，这些**"宗规"**（Canons）不会导致确定的规则，而是产生一个思想流派，涉及各种亚传统（新儒家、道家、禅宗），具有自己的道德体系。这里的问题是：若不同的伦理辩护同样合法（即平等地为规范辩护），则很可能将没有规范可以共享。这意味，为了"共享的规范，不同的辩护"的进路正常运作，需要伦理辩护的层级秩序。否则，共享规范的前景模糊不清，无法明确指出，哪个规范应当被共享。

面对这种模糊性，黄[18] 建议使用一套**"共享的价值"**，即追随基于价值的进路，而不是基于规范的进路。当然，这意味着我们需要确定**共同价值**（common values），其有效性跨越文化，保障人类（以及非人类）的繁荣昌盛。实际上，这套基本的共同价值，必须**规范地**予以界定，尽可能地维护和提升。这种规范的进路，确定基于"共享价值"的伦理学方面，问题在于：这些价值如何绘制规划，用于 IIE/

167

IRE 中与 ICT/ 机器人学相关的问题？因为这些伦理问题源于完全不同的文化，具有非常不同的价值，所以，需要按照多层对话理论的主张，深入考察一些情境及其中所包含的价值。或许，根本没有共享的价值。但是，无论如何，关注价值有助于回应基于规范进路的一些边缘问题，诸如性别、福利、数字鸿沟（digital divide）等。

返回关于西方与日本机器人伦理学的讨论，我们记得，有一些无形的理由，藏在两个传统的差异背后。西方机器人伦理学，基于西方人对"自主性"和"责任"的理解。日本人很难理解机器人的"自主性"和"责任"。我们已经指出，这是因为他们的叙事、故事和小说，具有不同的种类的共享和规范化框架。日本人对生活中的个人（persons）、物品和事件展示出情绪的强烈敏感性，致使他们对"抽象的讨论"缺少兴趣，而是借助机器人和 ICT 直接表达情绪。在日本，机器人的创造似乎总连带着某种形象 [1]：

- Iyashi（治疗、平静）
- Kawai（聪明伶俐）
- Hukushimu（生机盎然）
- Nagyaka（和睦、文雅）
- Kizutuku-kokoro（敏感的内心）

这些形象与日本人的**"主体间际敏感性"**（intersubjective sensitivity）或**"情绪位置"**（emotional place）是不可分割的。换句话说，日本机器人与人的互动似乎沉浸在文化背景中，抽象概念和讨论无足轻重，更重要的是交流和互动，因为它们的基础是间接引发的情感和情绪。中田（Nakada）指出 [1]，在其他东方（亚洲）文化中（中国、韩国，等等），人们更喜欢比较直接 / 坦率的情感表达，相比之下，日本人则习惯于含蓄委婉的情感表达。在不同的东方国家，这些差异经常引起许多误解，对日本文化产生负面形象。人们觉得，日本人尽管看上去谦和，实际上并不友善，他们与日本人之间有一些无形的障碍，皆因为不同的文化背景。[1] 有研究 [20] 进一步提出文化间际信息伦理学的一些问题，包括比较分析日本与瑞典对 P2P 软件的运用。

10.6 机器人立法

这里简短讨论一下欧洲和韩国的机器人立法问题，顺便对日本、中国和美国的机器人立法做一些评论。

在欧洲（和西方），机器人制造和使用的民事责任区分如下 [21]：

· 合同责任

· 非合同责任

合同责任（Contractual liability）将机器人看作合同标的（产品），即制造商（卖家）与用户（买家）之间的买卖对象，也就是说，机器人被视为"消费品、产品或商品"。这里，可使用标准的责任规则，没有任何困难，在西方，现行立法似乎涵盖这一情形：对象是机器人，不需要任何补充或修改。倘若机器人的运行与合同不一致，即便机器人没有造成任何损毁或伤害，合同责任依然发生。有两个文件涉及关于商品的欧洲立法：**欧洲合同法原则**（PECL，Principles of European Contract Law）与**欧洲合同法委员会**（CECL，Commission on European Contract Law）。

倘若机器人的行为对人造成"法律上认可的伤害"（例如，侵

168

犯人权），则不论是否有合同存在，**非合同责任**（Non-contractual liability）都将发生。

有两种情况：

· **有缺陷的机器人造成的伤害：**

在这种情况下，因为产品／机器人有缺陷，制造商有所谓的"客观责任"（即无过失责任）。倘若牵涉更多的制造商或供货商和经销商，责任连带归于他们所有人（欧洲产品责任规定[European Directive] 85/374）。

· **机器人与人的行为或反应造成的伤害：**

通常，这是嵌入机器人的学习机制所致，涉及某种不可预测的行为。美国处理这类情况时，会比照动物和运动物体的案例。

目前在西方，机器人（机器）尚无道德行为者（像人一样）的法律地位。未来，自主智能机器人或许会被当作一个**法人**（legal person），类似于公司或企业，因此，它们或许会进入公共注册（类似于商业注册）。

韩国颁布了智能机器人开发和普及的相关法律，其实施要求结合《**韩国机器人伦理学宪章**》（2005年）。机器人被定义为"一种能够独自感知外部环境、辨认不同境遇、随意运动的机械装置"。这部法规包含两个部分[22]：

· 智能机器人的质量认证部分

· 保险部分

在第一部分，韩国**知识经济部部长**（MKE, the Minister of Knowledge Economy）授权"**认证机构**"颁发智能机器人质量认证"证书"，阐明

169

普及和分配获证机器人的政策，建立法规，规范认证机构的选派、撤消和运作。

第二部分，规定什么人可以经营保险业务，目的是当获证的智能机器人给客户造成伤害时，予以理赔。所有上述规定，均为总统令所授权。

《韩国机器人伦理学宪章》通过独立的章程发布并采用，提供了一系列关于人 / 机器人伦理学原则，确保人与机器人的共荣共生。这些原则列举如下 [22]：

- **人—机器人伦理学通则**（Common human-robot ethics principle；人与机器人都享有尊严、信息以及生命工程伦理）。

- **机器人伦理学原则**（Robot ethics principle；机器人应该作为朋友、助手和伙伴，服从人的指令，不应该伤害人）。

- **制造商伦理学原则**（Manufacturer ethics principle；机器人的制造应该捍卫人的尊严，制造商应当负责机器人的回收利用，提供机器人维护的信息）。

- **用户伦理学原则**（User ethics principle；机器人用户必须将机器人视为朋友，禁止非法组装或滥用机器人）。

- **政府伦理学原则**（Government ethics principle；政府和地方当局必须在所有制造和使用环节进行有效管理，强制实施机器人伦理学）。

不难看出，以上韩国的人—机器人伦理原则，具有情感和社会特征，而非法律特征。作者没有意识到，西方国家已经具有相似的人—机器人伦理学宪章。在西方，解决机器人社会伦理问题，必须将义务论、功利主义、决疑论结合起来，连带专业的伦理法规（NSPE，

IEEE，ASME，AMA 等）。

由此可见，欧洲（和西方）迫切需要设立"机器人法和伦理学宪章"。为此目的，一个值得注意的尝试是近年来启动（2012 年 3 月）的 **EU-FP7 计划 ROBOLAW**（Regulating Emerging Robot Technologies in Europe——Robotics Facing Law and Ethics，欧洲新兴机器人技术规制——机器人面对法律和伦理学）。这一计划的目的是为欧盟提供"**机器人规制白皮书**"（White Book on Regulating Robotics），其最终目标是不久的将来，在欧洲为机器人法建立一个通用的坚实架构。该计划由（意大利）圣安娜高等研究院（Scuola Superiori Sant Anna）与欧洲各国兄弟院校合作，涉及机器人学、伦理学、助力技术、法律和哲学等领域。

目前，该计划探索这一领域在技术、法律与道德问题方面的相互关联，为未来机器人的发展提供法律和道德方面的坚实基础（www. Robolaw.eu）。该计划得到"利益相关者网络"的支持（Network of Stakeholders，包括：残疾人联合会 [Disabled People Associations]、护理人员协会 [Care Givers Associations]、助力和医用机器人生产者、国际标准化组织 [ISO]、贸易所、工会、保险公司，等等）。

欧盟关于外科手术机器人（以及更一般的医疗设备）的立法，正接受同行的检讨。因为在绝大多数成员国，目前的立法尚不完善。这个领域与欧盟跨国卫生保健病患权利应用指南（EU Directive on the Application of patient's right in cross-border health care）密切相关，且部分包含在其中。欧盟立法升级的重要部分是建立**欧盟中心数据库**（像日本一样），能够报告所有伤害事件，对某些 III 类产品重新分类。为此，**医疗器械唯一标识**（Unique Device Identification，UDI）编码允许有效地跟踪医疗器械。

正如第 5.7 节所说的，日本已经建立了中心数据库系统，用以记录和交流机器人伤害人类的信息。日本特别关注使用机器人时的人身安全，并已有相关立法。

在中国，至今仍然较少关注机器人的相关立法问题，显然，这是一个必须解决的迫切问题。中国有 14 亿人口，许多中国人认为，他们的国家不需要发展服务型和类人机器人，用它们代替人。不过，美国广泛使用自主性致命机器人，这使中国开始认真思考使用它们的法律意涵。

在美国，已经有一些针对机器人的特殊法规。例如，得克萨斯州通过了一个禁止法案（a bill outlaw）："如果一个人使用或委托他人使用无人驾驶车辆或飞行器捕捉图像，却没有征得被捕捉图像中不动产的所有者或者法律上的占有者的明确同意，那么，此人的行为是违法的。"（http://robots.net/article/3542.htm）因此，任何机器人（在空中、在水下、在陆路），即使在公共场所运作，只要无意间记录的任何一种传感器数据（声音、可见光、热、红外、紫外线）来源于私人财产，就被视为非法。这个法案受到严厉批评，被斥为"管得过宽"和"措词不当"，因为它可以声称绝大多数户外业余爱好者的机器人活动是非法的，甚至可以终止大学的项目，但也似乎避免了联邦、州和地方警察在各种环境下的暗中监视。最近，加利福尼亚通过一项法律，大幅度限制无人机的飞行空间。"操控无人机进入财产所有者的空域，被视为非法入侵。"（IEEE Spectrum Tech Alert，2015 年 2 月 12 日）

10.7 进一步的问题与结语

171   日本是研发和使用机器人的先进国家之一。事实上，在类人机器人和社会化机器人的开发领域，日本是领导者。从社会学和文化的角度出发，日本被视为西方社会的"他者"（other）。在日本，机器人实质上就是一架机器。在西方，伦理学的主要理论是义务论和功利主义。在东方，机器人伦理学将机器人看作在人和物的普遍互动中多了一个伙伴（**Mono, Koto, Kokoro**）。日本的道德传统是 **Seken/Giri**（传统的日本道德）和 **Ikai**（古老的万物有灵论传统）。在日本社会，机器人是"机器"，当这些机器为人使用时，机器人和人类用户之间产生一种情感纽带与和谐关系。日本人有**建立关系的欲望**，因为他们相信，人是自然要素，像石头、山川或动物一样，人工制品也是在**公平的**基础上被整合的。西方人则欲求存在的**等级秩序**，即人在等级顶端，人工制品在底端，动物在二者之间。

        在日本，机器人生产及其动机，都包含在为美而奋斗的审美情趣中，这是日本精神的特征。只要机器人成功地适应技术，日本精神绝不会受到机器人的威胁。在日本，有无视**世界秩序**的传统，其主要问题是：不防范电子人（cyborg）和／或人类推理的机械化。在日本，自主性的意义与西方大相径庭，几乎找不到西方的"自由意志"概念。换句话说，与他人和睦共生颇受重视，自主性则很容易被忽略。在社会中，人必须像其他人一样行事。

        为了努力给人与机器人之间的公平奠定基础，出于坚信机器人技术的未来发展、相信类人机器人将为人类作出巨大贡献，日本福冈展览会（2004 年 2 月 25 日）发布了《**世界机器人宣言**》（*World Robot*

Declaration)。宣言包括对未来机器人发展的三个具体愿景，宣布了五项决议，表明为了保证下一代机器人的存在，我们必须做什么（www.robotfair2004.com/ english/outline.htm）。

（A）下一代机器人的愿景

- 下一代机器人将是与人类共存的伙伴。

- 下一代机器人将在身心两个方面帮助人类。

- 下一代机器人将有助于实现一个安全和平的社会。

（B）通过下一代机器人技术拓展新的市场

- 通过有效利用机器人研发和试验的特区，解决技术问题。

- 通过建立标准和提升环境，促进机器人的公众接受度。

- 利用公众组织大力推介机器人，激励人们使用机器人。

- 广泛宣传与机器人相关的新技术。

- 借助小微企业促进机器人技术的发展，鼓励它们参与机器人业务。政府和学术界应为这种努力提供积极的支持。

相关研究 [1] 证明，今天的日本人仍然生活在传统的生活世界"Seken"（世间）里，它以佛教、神道教、儒学和历史记忆为基础。在这个研究中，诸如**命运**（destiny）和**真诚**（sincerity）之类的重要术语，出现频次似乎很低。**Shintoism**（神道教）已在第 10.2.1 节作过阐述。**Buddhism**（佛教）是印度次大陆的一个本土宗教，以著名的**佛陀**（Buddha）——释迦牟尼（Siddharta Gautama）的教诲为基础，有两个主要分支：

- **Theravada**（上座部）

- **Mayahana**（大乘）

佛教传统和实践的基础是"**三宝**"（Three Jewels）：**佛陀、佛法**

172

（Dharma）和**比丘僧团**（Sangha）。依靠"三宝"庇护，就是宣布和承诺自己是佛教徒，借此将佛教徒与非佛教徒区分开来。佛教徒的伦理实践包括：支持僧侣社团、修行觉智和顿悟玄机。

儒学（**Confucianism**）是一种哲学和伦理学体系，重视实践问题，特别重视家族的重要性，其主要信念是：通过个人的自我修养和自我反省，人可教、可变、可善。儒学的伦理概念和实践包括：

- **仁**：利他和行善的义务。
- **义**：秉持公正和行善的道德情操。
- **礼**：一种规范和礼仪系统，决定一个人在日常生活中如何举止得当。

基本的道德价值是"**仁**"和"**义**"，任何人如果不尊重它们，必遭社会鄙视。对于新儒学的取向，哲学家赫伯特·芬格莱特（Herbert Fingarette）称之为"**即凡而圣**"（Secular as Sacred）。

东方文化不是统一的。类人机器人被日本、中国、韩国接受，但未必为伊斯兰教传统的国家（例如，印度尼西亚）所接受。佛教文化挑战西方"**统一的自我**"（coherent self）的观念。在西方，对普世价值的探索仍在继续，信息伦理学／机器人伦理学被看作依靠观察者反思道德规范。综上所述，东西方需要持续的对话。

1868 年 ①，**明治维新**（Meiji Restoration）结束了日本与世隔绝的状态，标志着**德川政权**（Tokugawa regime）的垮台。从**德川家**到**明治**的过渡，有两个政治口号：**全盘西化**（bunnei-Kaika）和**富国强兵**

173

---

① 原文是"the Meiji Restoration in 1968"，当为笔误，明治维新始于 1868 年，明治天皇在 1868 年建立新政府，日本政府进行近代化政治改革，建立君主立宪政体。——译者

(fukoku-kyohei)。富国强兵的军事政策成功地使日本成为一个强大的国家，而凭借全盘西化的政策，大量西方观念输入日本，一些新词语应运而生，例如 [2]：

- Shakai（社会）

- Tetsugaku（哲学）

- Risei（推理）

- Kagaku（科学）

- Gijyutsu（技术）

- Shizen（自然）

- Rinri（伦理）

参考文献

[1] Nakada M (2010) Different discussions on roboethics and information ethics based on different cultural contexts (Ba), In: Sudweeks F, Hrachovec H, Ess C (eds) Proceeding conference on cultural attitudes towards communication and technology, Murdoch University, Australia, pp 300–314

[2] Kitano N (2007) Animism, Rinri, modernization: the base of japanese robotics, workshop on roboethics: ICRA'07, Rome, 10–14 Apr 2007

[3] Nakada M, Tamura T (2005) Japanese conceptions of privacy: an intercultural perspective,ethics and information technology, 1 Mar 2005

[4] Yoshida M Giri: a Japanese indigenous concept (as edited by L.A. Makela), http://academic.csuohio.edu/makelaa/history/courses/his373/giri.html

[5] Kitano N (2005) Roboethics: a comparative analysis of social acceptance of robots between the West and Japan, Waseda J Soc Sci 6

[6] Krebs S (2008) On the anticipation of ethical conflicts between humans and robots in Japanese mangas. Int Rev Info Ethics 6(12):63–68

[7] South Korea to create code of ethics for robots, (www.canada.com/edmontonjournal/news/story.html?id=a31f6)

[8] Lovgren S (2010) Robot code of ethics to prevent android abuse, protect humans. (http://news.nationalgeographic.com/news/2007/03/070316-robot-ethics_2.html)

[9] Galvan JM (2003) On Technoethics. IEEE Robotics and Automation Magazine 6(4):58–63,www.eticaepolitica.net/tecnoetica/jmg_technoethics[en].pdf

[10] Capurro R (2008) Intercultural information ethics. In: Himma KE, Herman T (eds) Handbook of information and computer ethics. Wiley, Hoboken, pp 639–665

[11] Mall RA (2000) Intercultural philosophy. Rowman and Little field Publishers, Boston

[12] Wimmer FM (1996) Is intercultural philosophy a new branch or a new orientation in philosophy? In: Farnet-Betacourt R (ed) Kulturen der Philosophie. Augustinus, Aachen,pp 101–118

[13] Hollenstein E A dozen rules of thumb for avoiding intercultural misunderstandings, Polylog, http://them.polylog.org/4/ahe-en.htm

[14] Demenchonok E (2003) Intercultural philosophy. In: Proceedings of 21st world congress of philosophy, vol 7. Istanbul, Turkey pp 27–31

[15] Heidegger M (2008) Intercultural information ethics. In: Himma KE, Herman T(eds) Handbook of information and computer ethics. Wiley, Hoboken

[16] Ess C (2007) Cybernetic pluralism in an emerging global information and

174

computer ethics. Int Rev Info Ethics 7:94–123

[17] Ess C (2008) Culture and global network: hope for a global ethics? In: van den Haven J,Weckert J (eds) Information technology and moral philosophy. Cambridge University Press, Cambridge, pp 195–225

[18] Wong P-H (2009) What should we share? Understanding the aim of intercultural informationethics. In: Proceedings of AP-CAP, Tokyo-Japan, 1–2 Oct 2009

[19] Himma KE (2008) The intercultural ethics agenda from the point of view of a more objectivist. J. Inf Commun Ethics Soc 6(2):101–115

[20] Hongladarom S, Britz J (eds) Intercultural information ethics. Special issue: international review of information ethics, vol 13, no 10

[21] Leroux C (2012) EU robotics coordination action: a green paper on legal issues in robotics. In: Proceeding of international workshop on autonomics and legal implications, Berlin, 2 Nov 2012

[22] Hilgendorf E, Kim M (2012) Legal regulation of autonomous systems in South Korea on the example of robot legislation. In: International workshop on autonomics and lega limplications', Berlin, Germany, 2 Nov 2012, (http://gccsr. org/node/685)

第 11 章

机器人伦理学补充问题^①

过去的危险是：人成为奴隶。未来的危险则是：人可以成为机器人。

——埃里克·弗罗姆（Erick Fromm）

我们正在目睹：能在我们世界行走的会话机器人降临了。这是发明的黄金时代。

——唐纳德·诺曼（Donald Norman）

11.1 导论

在前几章，我们讨论了当今广泛使用的几类机器人领域的伦理学，包括医用机器人、助力机器人、社交机器人以及战争机器人。医用机器人、助力机器人和社交机器人为类似的伦理原则所制约，其要点涉及自主性、仁慈、不作恶、正义、诚实、尊严等。战争机器人则须服从国际战争法（宣战原则、战时原则、战后原则）。近二十年，服

① © Springer International Publishing Switzerland 2016

S.G. Tzafestas, Roboethics, Intelligent Systems, Control and Automation:

Science and Engineering 79, DOI 10.1007/978-3-319-21714-7_11

务型（医用、助力、家庭、社交）机器人的数量激增，其增长量级远远
超过工业**机器人**[①]，随之，正如机器人学之父恩格尔伯格（Engelberger）
预言的那样，机器人经历了"人口大爆炸"。今天，机器人的扩展达到
一个新高度：机器人不再是仅仅满足人类欲望的"奴隶机器"，而是能
够具体体现一定程度的自主性、智能和良心，接近所谓的**"心智机器"**
（mental machine）。心智机器人的伦理和法律问题主要体现在"责任"
方面，即一旦造成伤害，是将责任归于机器人制造商、设计者、用户，
还是归于机器人本身？我们已经看到，人们几乎普遍接受，（迄今为止）
机器人本身还不可能承担道德责任，因为它们缺乏意向性。在认定道德
和法律责任时，机器人只能被当作额外的存在物（additional entity）。（见
第 6.4 节）

176

本章目的是讨论机器人伦理学的三个重要领域：

• 自动汽车（Autonomous cars）

• 电子人（Cyborgs）

• 隐私（Privacy）

11.2 自动汽车问题

自动（自动驾驶、无人驾驶）汽车已经上路。**谷歌的**无人驾驶汽车
已经可以在加利福尼亚州、佛罗里达州和内华达州合法上路。（图 11.1）

[①] IFR Statistical Department Executive Summary of World Robotics: Industrial Robot and Service Robots report (www.worldrobotics.org)

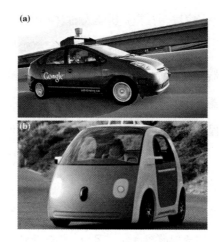

图 11.1　谷歌自动驾驶汽车

资料来源：

  (a) http://cdn.michiganautolaw.com/wpcontent/uploads/2014/07/Google-driverless-car.jpg

  (b) http://www.engineering.com/portals/0/BlogFiles/GoogCar.png

无人驾驶汽车的倡导者主张，再有二三十年，这些自动驾驶汽车的准确性和安全性将达到很高程度，从而数量上将超过人类驾驶汽车。[1, 2] 在基本层面上，自动驾驶汽车利用安装在车身四周的一套摄像机、激光器和传感器来探测障碍，并通过 GPS（全球定位系统），帮助它们按预定路线行驶。这些设备和系统，把周边环境的精确图像发给汽车，使它能够感知前方的路况：是否有行人进入道路，或者，前方的汽车是否减速或停车。机器人专家和汽车制造商试图研发的自动驾驶汽车，力求比老司机和专职司机驾驶的汽车更平稳①、更安全。如遇突如其来的近距离碰撞，自动驾驶汽车有望比人类驾驶汽车能够更迅速地加速或刹车。

177

———————————

  ①　原文 smother, 疑为 smoother 的笔误，故依后者译出。——译者

在美国，佛罗里达成为第一个准许试验中的无人驾驶汽车在公共道路上行驶的州，以测试它们的避撞传感器如何对突如其来的情况作出反应。

应当指出，今天，自动驾驶汽车（至少在某种程度上）已经存在，例如，装有避撞系统、紧急刹车系统、变道警报系统的汽车。理想的无人驾驶汽车，是一种机器人运载工具，方向盘后面无须驾驶员，却可以在一切道路上、在一切条件下准确而平安地行驶。

现在，科学家和工程师争论的不是自动驾驶汽车是否会出现，而是它将如何发生以及意味着什么。换句话说，讨论的重点不是技术本身，而是行为、法律、伦理、经济、环境以及政策方面的影响。原则上讲，上述问题及其他社会问题，比无人驾驶汽车设计方面的基本工程学问题更微妙、更困难。这里，基本的伦理和责任问题是："当无人驾驶汽车撞车时，谁来负责？"

这个问题与第 6.4 节讨论的机器人外科手术伦理学／责任问题有相似之处。今天，绝大多数撞车事件，都是这个或那个驾驶员的过失，或者，两人共同承担责任。只有很少的碰撞事故，被认定是汽车本身或汽车制造商的责任。然而，如果汽车是自动驾驶的，情况就不同了，因为很难依照惯例，认定这个或那个驾驶员负有责任。伦理的和法律的责任，难道应该由某个或若干制造商，以及制作硬件或软件的人共同承担？还是要归咎于设计平台，或指责高速路上的另一辆车发出了错误的信号？

内华达州和加利福尼亚州通过立法，允许自动驾驶汽车上路。两州的立法要求有人在车内，坐在驾驶员的位置，能够随时控制车辆。同样，英国也通过了高速公路法。[3] 虽然内华达州和加利福尼亚州在测试谷歌无人驾驶汽车时，没有发生任何事故，但是，倘若它们的运用越来越普及，某一天发生碰撞事故或许在所难免。这类事件的发生，或许向现存的责任架构提出许多新问题。

考虑一下某篇文章中 [4] 讨论的一个情节：

> 迈克尔（Michael）是一台无人驾驶汽车的黑人司机，他按照法律的要求。坐在方向盘的后面，环顾四周。天下起了小雨。汽车建议，在恶劣天气条件下，驾驶员必须手动控制车辆。因为雨不大，迈克尔相信，天气尚未达到"恶劣天气"的程度，所以，他允许汽车继续无助力驾驶。汽车突然急转弯，撞到一棵树，弄伤了迈克尔。

这里的问题是："谁的过错？"天开始下雨时，迈克尔应该掌握方向盘，还是必须手动控制的条件太模糊，以至于无法将责任强加于他？迈克尔或许会依据"产品责任"理论，控告车辆制造商。制造商则可能辩称，天开始下雨时，迈克尔有义务手动控制车辆。这个情节里，只有迈克尔本人受伤，假如第三方受伤，又如何定责呢？事实上，这里并没有清晰可用的伦理规则，以决定迈克尔应该如何行为，而可用的法律框架，也没有清晰地加以界定。

与使用自动驾驶汽车相关的其他一些问题，列举如下 [5]：

- 当道路上有两类汽车混合行驶时，仍旧驾驶老式汽车的人将如何应对周围的自动驾驶车辆？一些人类司机在自动驾驶汽车旁边可能更冒险——在它们周围穿插或高速行驶——因为他们预期自动驾驶汽车能修正自己的行为。

- 如果你的自动驾驶汽车不像你那样驾驶，怎么办？例如，如果你是高速路上习惯慢速行驶的人，那么，当你坐在车速快得多的自动汽车的前座上，会如何反应呢？

- 反之亦然。人们是否会忍不住从这些车辆中夺回控制权？我们如何学会信任自动驾驶车辆？

- 如果出于某种理由，一辆车需要你立即掌握方向盘，你能否迅速转移注意力，从汽车为你驾驶时你正在做的事情上摆脱出来？

- 消费者是否因为喜欢自动驾驶汽车的好处（安全驾驶、缓解拥堵、降低泊车所需的城市土地资源，等等），从而愿意购买它？

- 如何找到一种方式，优化无人驾驶汽车的性价比，让人们愿意购买它？

- 自动驾驶汽车将如何改变我们的旅行和消费模式？例如，如果这些汽车使旅行变得更容易，或许会引发我们今天还没有的新的长途旅行方式，从而增加集体旅行的次数和里程。

- 技术性的基础设施建设是否已经完备？有一些具体问题：（1）如果我们试图使雷达视觉而非人类视力发挥最大优势，城市街道需要哪种照明设施？（2）计算机能否处理布满涂鸦痕迹的街道信号？（3）如果一个国家只有几个地方具备自动汽车行驶的基础设施，汽车制造商还愿意生产它们吗？

广泛接受自动驾驶汽车遇到的一个主要问题与通信线路相关。无人驾驶汽车之间的通信联系，可让汽车彼此交流，告知对方自己在做什么，以避免碰撞，这可能会走向政治困境。[6] 自动驾驶需要很大一部分宽带，联邦通信委员会（FCC）在 1991 年也已经将之预留给汽车

179

制造商。但是，智能电话和流媒体电影及其他视频设备的扩张占据了许多宽带频谱。现在，大型有线电视公司已经联合起来游说国会，要求共享为自动汽车预留的份额。假如有线电视公司使用的设备干扰了自动汽车，由此产生的危险将导致巨大灾难。干扰造成手机通话中断没什么大事，但是，关于汽车避撞系统的数据，哪怕丢失一丁点儿，就可能酿成大祸，生死攸关。有研究[7]讨论了自动驾驶汽车会产生什么后果。一些科学家、工程师和思想家主张，无人驾驶汽车应该暂缓发展。例如，麻省理工学院研究员**布莱恩·雷蒙**（Bryan Reimer）说，涉及自动驾驶汽车的一个致命碰撞，就可能成为新闻头条："叫停机器人产业"——并致使汽车制造商"大幅度收缩自动安全系统"，就像现在传统汽车的避撞技术发生的情形。乔治·梅森大学（George Mason University）教授**拉亚·帕拉舒拉曼**（Raja Parasuramam）说："总有一些情况没有预料到，它们要么不是自动化技术该处理的事，要么就是其他无法预测的事。"然而，尽管有广泛的关注，却没有任何汽车制造商甘愿落伍，至少现在已有部分自动化的汽车。他们相信，这将是改变人类的技术。它是具有革命性的技术，尽管有人说它是破坏性的；它将改变世界、拯救生命、节省时间、节省金钱。另外，围绕自动驾驶汽车的积极意义与消极意义，也有研究[8]提供了更广泛的讨论。

11.3　电子人技术问题

电子人技术（Cyborg technology）关注神经运动假体的设计和研

究，目的是利用替代物恢复已经失去的功能，替代物与实物（失去的
手臂，失去的视力，等等）的差异尽可能地小[9-11]。神经运动假体使
残障人士能仅凭借大脑的力量行动，从长期看，它们的受体能够贯通
"感觉"（feel）。

"cyborg"（电子人）一词是**"cybernetic organism"**（控制论生物
体）的缩写，更广义地说，指涉**仿生人**（bionic man）的概念。电子
人技术成为可能，基于如下事实：大脑中枢神经系统的生物电信号，
能够直接与计算机和机器人的部件（或者在体外，或者植入体内）相
连接。显然，制造一具能运动、有传感器的人造手，需要创造一件实
物，能像功能正常的生物手一样运动和感觉，这是一项极其尖端的技
术。当然，如果人们成功破译了大脑运动信号，这些信号就能直接与
外部电子设备（移动电话、电视，等等）相联结，人们就可能仅仅通
过意念的力量控制电子设备，即无需使用有声语言或外部传动装置。
换句话说，电子人类型的假体也可能是**虚拟的**（virtual）。更宽泛地
说，**"控制论生物体"**的概念常常用来描述规模宏大的通信和控制网
络，例如，公路网、软件网、公司网、政府网、城市网以及这些网络
的混合。

在医学方面，主要有两类电子人，**恢复型**（restorative）与**增强型**
（enhanced）。恢复技术"恢复失去的功能、器官、肢体"，从而恢复健
康，或回到平均功能水平。增强型电子人技术遵循最优机能原则，也
就是使输出（获取的信息或修正）最大化，使输入（过程中消耗的能量）
最小化。

电子人技术是**双刃剑**，可用来行善，亦可用来作恶，同其他现代
技术一样，可以产生积极的结果，亦可以产生消极的后果。

180

关于电子人（仿生人）技术的一些消极论证，列举如下 [9]：

- 人类将按照贫富被划分。例如，有钱人只要认为合适，就可能增强他们个人的机能（现在已有的，如温泉疗养、外科整形手术等），同样可以更换器官，等等。

- 军队可以利用这项技术，研发制造超级战士，反应更敏捷、精准度更高、不易疲劳，等等。

- 许多人预言，这项技术对于人的健康和安全可能造成极大的风险（诸如现在百忧解、硅胶隆胸、类固醇、人工心脏等诱发的风险）。

- 某些人具有这些增强功能，可能因此获利，在劳动市场上，或许比其他人获取更大的机会。

- 更严重的是，电子人技术（生物电子技术）可以导致监控大众。

在社会中，电子人技术可能用于两个领域 [12]：

- 公共卫生领域，以治疗和保健为目的（例如，治疗造成残疾的伤痛）。

- 金融和私人市场领域，基于电子人技术的增益补充，主要用于增强的目的，可能会受到相关法律的限制。

在金融领域，由于信息和控制技术的发展，投资者可以使用超级计算机从事贸易、银行业、证券经营和资金管理。实际上，现代金融正逐渐成为"**电子人金融**"（cyborg finance），因为主要玩家部分是人、部分是机器。电子人金融的主要特征是，使用极其强大快捷的计算机，依据复杂的数学模型，研究和把握交易机会。以高度复杂的运算为基础研发出来的软件，大多数情况下是专营的、不透明的。因此，电子人贸易经常被称作"**黑箱贸易**"（black-box trading），电子人伦理学包括医学伦理学、医用机器人伦理学及助力机器人伦理学（尤其是假体机器人伦理学）。围绕电子人发展的主要伦理学问题，聚焦于人的尊严、人与人之间的关系、保护身体不受伤害，保健养生以及其他个人数据评估。所有情况下，都应当重视机器人伦理学的六个基本规则（自主权、不伤害、仁慈、正义、诚实、尊严）。

丹麦伦理委员会（Danish Council of Ethics）为社会中使用电子人技术提出两项立法建议。内容如下：

相对宽松的管控框架　按照这一框架，社会中的每个人都应当自由决定，他／她将采取何种方式把握电子人技术提供的机会，同时，这个决定不会伤害他人生活的发展或私生活。当然，自然赋予每个人各种能力，这意味着：个人追求生活的目标和欲望，条件是不同的。一个高智商的人（其他人为平均水平）与低智商的人相比，前者在我们社会中会有更多的机会。

相对严格的管控框架　植入或整合至人体的电子人技术，应当仅限于治疗疾病或救助残障人士的目的（例如，替换人的肌体功能——视力、四肢等，服务对象是那些天生具有缺陷或出于各种原因失去它们的人）。电子人技术不应催生黑市。提供电子人技术介入和加强的私立医院，同样应该受到限制，满足有效的目的，与用于公共卫生保健系统的标准相同。

为电子人技术设置相对严格的管控框架，其伦理基础在于：它将对我们社会基本的伦理规范产生极坏的影响，而且，倘若人们有可能购买电子人增强功能，那么，人们生活机会之间的公平性，就会受到损害。此外，电子人技术的增强型功能，很可能破坏人类的"**真实性**"（authenticity）价值，改变人作为"类"（species）的基本特征。

181

具有机械部件的混合器官，其主要优势是有助于人的健康。尤其是：

- 原来通过外科手术更换身体某个部分（例如，髋关节、肘、膝、手腕、动脉、静脉、心脏瓣膜等）的人，现在可以划归电子人一类。
- 还有大脑移植，基础是大脑和神经系统的神经形态(neuromorphic)模型。例如，有的大脑植入术，帮助缓解帕金森症的症状。失聪者可以更换内耳，使他能够使用电话交谈（或者可以听音乐）。

控制论生物体的不利之处在于：

- 机器人能用人类不具有的方式（紫外线、X射线、红外线、超声波）感知世界，因此更依赖于电子人技术。
- 智能机器人在记忆、数学/逻辑运算方面远超人类。
- 电子人通常无法治疗身体创伤，而是修复身体的某些部位。更换受损的肢体和损坏的保护层可能十分昂贵且耗时。
- 电子人能从多重维度思考周围世界，人类却非常有限。

目前有关于电子人以及身体与机器之间关系的哲学讨论[13]，也有关于电子人以及未来人类（man kind）的一般科学讨论[14]。

人类电子人的一些实例，列举如下[15]：

实例 1

艺术家**尼尔·哈比森**（Neil Harbisson）生来患有极度色盲症（全色盲），只能看见黑白两色。配备"眼博"（Eyeborg，一种特殊的电子眼，可以将所感知的色彩呈现为不同音阶的声音）后，现在能够体验到超出常人知觉范围的色彩。这个装置使他能"听"到颜色。他从记忆每一种色彩的名称开始，使它们成为"知觉"（图 11.2）。

图 11.2　一个全色盲的人，配备"眼博"之后，能够"看见"颜色

资料来源：http://www.mnn.com/leaderboard/stories/7-real-life-human-cyborgs

实例 2

电子人技术广泛用于替代人的肢体（由疾病或损伤所致），并使其移动（胳膊或腿）。**杰西·苏利文**（Jesse Sullivan）是这方面的先驱，是世界上第一个配备仿生肢的电子人，通过神经—肌肉移植连接在一起。苏利文能够用意念（mind）控制新的肢体，也能感觉到冷热以及抓握时的压力程度（图 11.3）。

实例 3

詹斯·诺曼（Jens Naumann）经历了数起严重事故，导致双目失明。他成为世界上接受人工视力系统的第一人，该系统配置了电子眼，通过大脑移植体直接与他的视皮质相连（图 11.4）。

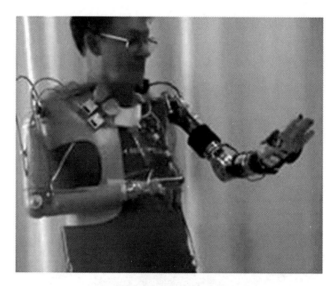

图 11.3　能为人的意念所控制的电子肢体

资料来源：http://www.mnn.com/leaderboard/stories/7-real-life-human-cyborgs

图 11.4　詹斯·诺曼借助直接与视皮质连接的电子眼观看

资料来源：http://www.mnn.com/leaderboard/stories/7-real-life-human-cyborgs

实例 4

奈杰尔·阿克兰（Nigel Ackland）因为工作中的意外事故，失去 183
部分手臂，后来安装了加强型装置，使他能够通过残留前臂的肌肉运
动，控制胳膊（图 11.5）。

他能独立运动每一根手指，抓握易碎的物体，或者往玻璃杯里倒
水，运动范围不同凡响。

图 11.5　通过肌肉运动控制手臂和手指的电子人

资料来源：http://www.mnn.com/leaderboard/stories/7-real-life-human-cyborgs

11.4　隐私：机器人伦理学问题

隐私（Privacy）是基本人权之一。按照《麦克米兰辞典》（*Macmillan* 184
Dictionary）的界定，隐私是"做事自由，没有他人观看你，或没有人知
道你在做什么"。根据《韦氏词典》的定义，隐私指"离开他人的状态，

离开公众注意的状态"。隐私的界限和范围，在不同文化和个体中是不同的，不过，也有共同的地方。隐私领域与安全领域交叠，涉及信息的正当使用和保护问题。说某个东西对**某个人**是隐私，通常意味着那个东西对他／她来说十分特殊，或非常敏感。绝大多数国家的法律，都包括一些旨在保护公民隐私，惩罚那些干涉和窥探他人隐私的人的法律法规。

隐私有如下四种类型（维基百科）：

- **个人隐私**（personal privacy），定义为防止入侵某个人独自的物理空间。

- **信息隐私或数据隐私**（information privacy or data privacy），指采集和分享个人数据时，技术与法律和道德上的隐私权之间不断变化的关系。

- **机构隐私**（organization privacy），指政府机构、社会团体及其他一些组织，要求采取一些安全措施和控制手段，为私人信息保密。

- **精神和知识隐私**（Spiritual and intellectual privacy），是某个人财产的广义概念，包括所有形式（无形的与有形的）的占有。

现代机器人**拥有**感知（通过若干复杂的传感器）、处理、存储周围世界数据的能力，因而有可能牵涉人的隐私。机器人可以移动，可以去人类不能去的地方，可以看见人无法看到的东西。以传感器为基础的所有类型的机器人（服务机器人、家用机器人、助力机器人、社交机器人、战争机器人），连接着（或不连接）计算机的通信系统或互联网，都可以用于家庭监视或侦查。

瑞恩·卡罗（Ryan Calo）[16] 将机器人介入隐私的方式划分为以下

几类：

- 直接监视（direct surveillance）

- 强化访问（increased access）

- 社会意义（social meaning）

他还讨论了一些方式，帮助我们消除和修正机器人对隐私的潜在影响，尽管由于当今关于隐私的立法，做起来或许十分困难。

机器人（配备通信系统和信息技术）侵犯个人隐私的风险与日俱增，对此，我们的社会应该制定更好、更有效的法律，而且，技术应该研发更强大的安全防护设施。

特别需要指出的是，社交机器人以新的方式介入隐私。当拟人化的社交机器人用于娱乐、陪伴或治疗时，人类用户与它建立了一种社会关系，而且，绝大多数情况下，人们并不认为机器人会对他们的隐私产生强烈影响。这是使用这类机器人时不得不面对的最复杂、最困难的问题之一。一些机器人的研究者（例如，牛津大学的科学家），在机器人领域的隐私和安全性方面付出巨大努力，试图寻找一些方法，防止机器人将捕捉到的人们的身份特性，毫无必要地泄露出去。

华盛顿大学的研究人员，对三类消费水平的机器人的安全性做出评估[17, 18]：

- **WowWee Rovio**，一种无线机动机器人，销售对象是成人，作为家庭监视工具，能够通过互联网加以控制，配置摄像机、麦克风和扬声器（图 11.6）。

- **Erector Spykee**，一种类似玩具的无线网控"间谍"机器人，配备了摄像机、麦克风和扬声器（图 11.7）。

185

186

WowWee Robo Sapien V2，一种灵敏的拟人化机器人，用红外遥控装置短距离控制（图 11.8）。

这些科学家发现一个令人担忧的安全问题，机器人的使用，很容易凭借家庭无线网络发送的独特信息被探测到，机器人的视频和音频数据流，也可以在家庭无线网络上被拦截，或者，在某些情况下，通过互联网被截获。这一弱点可能为恶意者利用，甚至使其可以操控机器人（因为用于访问和控制机器人的用户名和密码没有加密，除非是 Spykee 机器人，它通过互联网发送时进行加密）。

图 11.6　WowWee Rovio 机器人

资料来源：

（a）http://www.thegreenhead.com/imgs/wowwee-roviorobotic-home-sentry-2.jpg

（b）http://seattletimes.com/ABPub/2008/01/11/2004120723.jpg

（c）http://www.szugizmo.pl/326-thickbox/mini-robosapien-v2.jpg

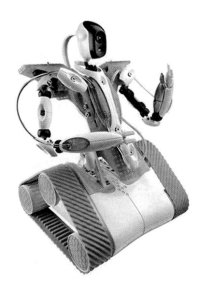

图 11.7　Erector Spykee 机器人

资料来源：http://ecx.images-amazon.com/images/I/31desPZvgQL._SL500_AA300.jpg

图 11.8　WowWee Robo SapienV 2.

资料来源：http://www.techgalerie.de/images/6055/6055_320.jpg

　　类似谷歌、苹果、亚马逊这样的巨无霸，积极投资机器人领域，对此，全世界的专家都表达了（伦理的和法律的）担忧。最近，谷歌收购了许多机器人公司。对于机器人技术而言，这的确令人兴奋，然而，问题在于：“巨无霸计划用这种技术做什么？”加拿大多伦多瑞尔森大学（Ryerson University）的沃纳·莱文（Arner Levin）提出一个问题：“有什么事情需要我们担心？如果有，我们为此能做些什么？”[19]

　　总而言之，机器人涉及隐私的主要问题列举如下[16]：

- 机器人进入习惯上被保护的地带（如家庭），使政府、私人诉讼当事人、黑客进入隐私地带的可能性大大增加。

- 当机器人更加社会化时（具有类人的互动特征），它们可以缓解人的孤独感，从个人那里获取大量敏感的个人数据和信息。

- 个人、公司、军队和政府使用机器人，便拥有新的工具获取人们的信息，以实现安全、金融、市场及其他方面的目的。

- 随着机器人的使用与日俱增，可以引发一些微妙的隐私伤害（包括心理伤害，其后果不易认证、测算和抗拒）。

　　罗宾·墨菲（Robin Murphy）和**戴维·D. 伍兹**（David D. Woods）提出三个新的机器人定律（超越阿西莫夫定律），名为：**“负责任的机器人三定律”**（Three Laws of Responsible Robots）[20]。其目的在于：当设计任何系统（任一机器人运作平台）时，应包含机器人承担的责任和自主性。

　　三定律是：

　　第一定律　人—机器人工作系统若不符合安全和伦理的最高法律标准和专业标准，人不可以利用机器人。

　　第二定律　机器人必须对人作出适合其角色的反应。

第三定律　必须赋予机器人充分的自主性，使其能够保护自己的生存，只要这种保护能提供平稳的控制转移，且不与第一、第二定律发生冲突。

11.5　结语

这一章，我们讨论了机器人伦理学的一些补充问题和关注点，涉及自动（无人驾驶）汽车和电子人的使用，以及运用家庭机器人和社交机器人的隐私安全问题。产生严重的社会和伦理问题的另一类机器人，是**性爱机器人**（love making robots，或者，性伴侣 [sexbots]、女性机器人 [fembots]、性爱机器人 [lovobots]），对此，机器人学家、哲学家、社会学家、心理学家以及政治学家不出所料地展开了激烈的争论。性爱机器人是社交机器人，其设计和编程是为了模拟和操纵人的情感，诱发用户的爱情或色情的反应。它们的设计，从早期阶段，就应当遵循机器伦理学原理，以及众所周知的爱情哲学、恋爱关系伦理学、性欲的心理学价值等。

萨林斯（Sullins）[21] 深入讨论了性伴侣机器人的伦理学问题，最后断言，在制作性伴侣机器人并用这类机器模仿爱情时，应当对操纵人类的心理设立某些伦理学限制。他指出："获取爱欲智慧（erotic wisdom），是伦理上的一个健康目标，它不仅仅是满足肉体的欲望，而且增强了爱情关系。"[22-26] 围绕性伴侣机器人的伦理和法律意涵，提出一些其他讨论，或许会引发这一主题更多讨论。发表的意见呈现出两个极端。拥护者说："赞成，机器人。"他们辩称："从**自主性**的

视角出发，看不出与机器人性交有什么错。根据**不伤害**原则，如果人们想要性伴侣机器人，又不造成任何伤害，你就没有理由指控使用它们的人。"反对性伴侣机器人的人提出一些反对（如果不是禁止的话）理由。其中有以下几个[26]："（1）它们助长了对人际关系的不健康的态度；（2）它们助长厌女症；（3）它们可能被人当作妓女；（4）它们可能鼓励性别成见（gender stereotype）；（5）它们或许取代真实的关系，导致用户疏远他们的伴侣；（6）用户可能产生对机器人不健康的依赖。"反对性伴侣机器人的最极端的意见，见于所谓的**"未来世界争论"**（Futurama argument）："如果我们失去动机，不愿寻找一位尚怀情愫的人类伴侣，文明将休矣。沉迷于机器人性伴侣，将让我们失去这种动机。因此，如果我们开始与机器人性交，文明将休矣。"[23] 本章"参考文献"[27, 28]列举了关于性伴侣机器人的两个例子。

参考文献

[1] Marcus G. Moral machines. http://www.newyorker.com/news_desk/moral_machines

[2] Self-driving cars. Absolutely everything you need to know. http://recombu.com/cars/article/self-driving-cars-everything-you-need-to-know

[3] Griffin B. Driverless cars on British road in 2015. http://recombu.com/cars/article/driverless-cars-on-british-roads-in-2015

[4] Kemp DS Autonomous cars and surgical robots: a discussion of ethical and legal responsibility. http://verdict.justia.com/2012/11/19/autonomous-cars-and-

surgical-robots

[5] Badger E. Five confounding questions that hold the key to the future of driverless cars.http://www.washigtonpost.com/blogs/wonkblog/wp/2015/01/15/5confound ingquestionsthatholdthekeytothefutureofdriverlesscars

[6] Garvin G. Automakers say they'll begin selling cars that can drive themselves by the end of the decade. http://www.miamiherald.com/news/business/ article1961480.html

[7] O'Donnell J, Mitchell B. USA today. http://www.usatoday.com/story/money/ cars/2013/06/10/automakers-develop-self-driving-cars/2391949

[8] Notes on autonomous cars: Lesswrong, 24 Jan 2013. http://lesswrong.com/lw/ gfv/notes_on_ autonomous_cars/

[9] Mizrach S. Should be a limit placed on the integration of humans and computers and electronic technology? http://www.2fiu.edu/~mizrachs/cyborg-ethics. html

[10] Lynch W (1982) Wilfred implants: reconstructing the human body. Van Nostrand Reinhold, New York, USA

[11] Warwick K (2010) Future issues with robots and cyborgs. Stud Ethics Law Technol 4(3):1–18

[12] Recommedations concerning Cyborg Technology. http://www.etiskraad. dk/en/ Temauuniverser/Homo-Artefakt/Anbefalinger/Udtalelse%20on%20 sociale%20roboter.aspx

[13] Palese E. Robots and cyborgs: to be or to have a body? Springer Online: 30 May 2012. http://www.nebi.nlm.nih.gov/pmc/articles/PMC3368120/

[14] Sai Kumar M (2014) Cyborgs—the future mankind. Int J Sci Eng Res 5(5):414–420. www.ijser.org/onlineResearchPaperViewer.aspx?CYBORGS- THE-FUTURE-MAN-KIND. pdf

[15] Seven real-life human cyborgs (Mother Nature Network: MNN), 26 Jan 2015. http://www.mnn.com/leaderboard/stories/7-real-life-human-cyborgs

[16] Ryan Calo M (2012) Robots and privacy, in robot ethics: the ethical and social implications of robotics. Lin P, Bekey G, Abney K (eds), MIT Press, Cambridge, MA. http://ssrn. com/abstract=1599189

[17] Quick D. Household robots: a burglar's man on the inside. http://www.gizmag. com/household-robot-security-risks/13085/

[18] Smith TR, Kohno T (2009) A spotlight on security and privacy risks with future household robots: attacks and lessons. In: Proceedings of 11th international conference on ubiquitous computing. (UbiComp'09), 30 Sept–3 Oct 2009

[19] Levin A. Robots podcast: privacy, google, and big deal. http://robohub.org/ robots-podcast-privacy-google-and-big-deals/

[20] Murphy RR, Woods DD (2009) Beyond asimov: the three laws of responsible robotics. In:IEEE intelligent systems, Issue 14–20 July/Aug 2009

[21] Sullins JP (2012) Robots, love and sex: the ethics of building a love machine. In: IEEE transactions on affective computing, vol 3, no 4, pp 389–409

[22] Levy D (2008) Love and sex with robots: the evolution of human-robot relationship. Harper Perennial, London

[23] Danaher J. Philosophical disquisitions: the ethics of robot sex. IEET: Institute for Ethics and Emerging Technologies. http://ieet.org/index.php/IEET/more/ danaher20131014#When:11:03:00Z

[24] McArthur N. Sex with robots, the moral and legal implications. http://news. umanitoba.ca/sex-with-robots-the-moral-and-legal-implications

[25] Weltner A (2011) Do the robot. New Times 25(30), 23 Feb 2011. http://www. newtimesslo.com/news/5698/do-the-robot/

[26] Brown (2013) HCRI: Humanity-centered-robotics-initiative, raunchy robotics—

190

the ethics of sexbots, 18 June 2013. http://hcri.brown.edu/2013/06/18/raunchy-

robotics-the-ethics-of-sexbots/

[27] http://anneofcarversville.com/storage/2210realdoll1.png

[28] http://s2.hubimg.com/u/8262197_f520.jpg

第 12 章

心智机器人 [①]

> 是的，正是我们的情绪和不完美，使我们成为人。
>
> ——克莱德·杜泽（Clyde Dsouza）

> 通过学习完善行为的能力，是智能的标志，因此，亦是 AI 和机器人的终极挑战。
>
> ——马加·J. 马塔里奇（Maja J. Mataric）

12.1 导论

现代机器人设计具有多重功能：知觉、运算和行动，通过可识别的类人或类动物的形式体现出来，以便模仿人类（动物）的行为和经验，涵盖身体、认知、智能和社会层面的一些子集。类人（human-like）机器人和类动物（animal-like）机器人，不仅吸引了全世界的电

---

① © Springer International Publishing Switzerland 2016

S.G. Tzafestas, Roboethics, Intelligent Systems, Control and Automation:

Science and Engineering 79, DOI 10.1007/978-3-319-21714-7_12

学、力学、计算机、控制工程师，也吸引了哲学家、心理学家、神经生物学家、社会学家和艺术家，共同为之奋斗。目标是研发一种机器人，能够与人互动，从事更多的社交工作，而非取代人类。在前几章，我们一般性地研究了这类机器人——称之为**心智机器人**（mental robot）——的伦理意涵。本章将考察它们心智（类脑）特征引发的基本问题。显然，所有类型的机器人，其机械和控制部分都要求得到充分的具身化体现（physical embodiment）。但是，包括类脑能力的心智部分，需要机器人—世界环境的发展，以及具身化的认知（embodied cognition）和行为。心智机器人能够适应周边环境，从中学习，与其同步发展（表现了机器人与世界的互动），这种能力与机器人能否在这个世界生存息息相关。心智机器人代表一种**人造生命**（artificial-life）系统，按照朗顿（Langton）的看法，它展现自然生命系统的行为特征，却是通过计算机和其他人工媒介合成类似的生命行为而创造形成的。

192

本章的目的是：

- 向读者介绍现代机器人的五个基本心智能力：认知、智能、自主性、意识、良知（在概念和基本的哲学层面上）。
- 简略讨论这些机器人的专门认知／智能能力：学习与注意力。

本章材料是对**人工智能**（第 3 章）和**机器人世界**（第 4 章）诸章节的补充，目的是为读者提供一个更好的机器人的立体画面，以满足人类社会在设计和使用机器人时进行伦理考量的需要。

12.2 心智机器人的一般结构

今天，人们投入大量的精力和金钱，创造具有认知、智能、自主性、意识和伦理（有良知的机器人）属性的机器人，正如前几章所说，其目的是以不同的方式服务于人类（医疗保健、辅助移动困难人士和心智受损人士，等等）。

一般说来，（拟人形的、拟动物形的）社交机器人试图以类似人的方式与人互动。包括两个部分：

身体或躯体部分（机械结构、运动、动力、控制、头部、脸部、胳膊／手，腿、车轮、翅膀等）。

心智或思想部分（认知、智能、自主性、意识、良知／伦理，以及相关过程，诸如学习、情绪，等等）。

193　　图 12.1 表明，认知、智能、自主性、意识、良知及伦理领域，为心智机器人的实现作出贡献。

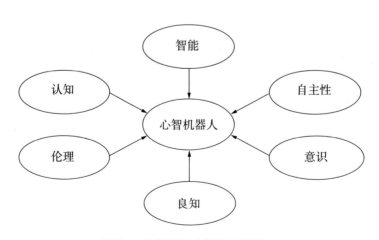

图 12.1　现代机器人心智部分的要素

这些要素以复杂的方式彼此交叠，相互关联，至今仍然没有在心理学和哲学上，提供统一的、全面的界定和描述。心智机器人的实际设计和运用，目前正不断发展，势头强劲，然而，要研发出真正的心智机器人，具有全部人类的心智能力，还必须付出巨大努力。制造其心智活动像人一样的机器人，绝非易事。

12.3　心智机器人的能力

下面，我们将简略勾勒心智机器人所要求的心智能力。[①]

12.3.1　认知

认知（Cognition）指涉大脑高级水平的全部功能，并不直接涉及神经生理水平的大脑解剖学细节。它并非大脑独特的模块，或心灵的一个构件，专营理性的计划和推理，或者，依据知觉装置获取的表象采取行动。认知的研究属于心理学和哲学的框架。[1]

认知机器人学（Cognitive robotics）是机器人技术新兴的重要领域，无法用独特的、全球公认的方式加以定义。认知的哲学方面可从两个视角考虑：（1）认知科学中的哲学，（2）认知科学的哲学。前者涉及心灵哲学、语言哲学和逻辑哲学。后者涉及认知的模式、认知的说明、因果和结构性质的相互关联、认知的计算问题，等等。认知机

---

① 机器人的机械能力（医疗、助力、社交等机器人）将分别由机器人力学和控制加以研究。

器人属于认知科学具身化的工程学领域，来自诺伯特·维纳（Norbert Wiener）开创的控制论领域。控制论研究生物体、机器和组织中的通信与控制。[2]

研究和构建认知机器人的许多不同进路中，下列三种最流行，并提供了良好的通用范式。[3]

194

- **认知主义进路**（Cognivist approach）　以符号信息的表征和处理为基础。认知主义与纽厄尔（Newell）和西蒙（Simon）的"物理符号系统"紧密相关，借以介入人工智能。[4]

- **涌现系统进路**（Emergent systems approach）　包含联结主义（connectionist）结构、动态结构、生成（enactive）系统。[3] 这些系统基于这样一种哲学观点：认知是涌现的、动态的、自组织的过程，与认知主义进路截然相反，后者将认知看作符号的、理性的、封装的（encapsulated）、结构的、演算的。[5] **联结主义系统**是大量并行的处理系统，没有符号分布的激活模式，并且包括多个神经网络或神经计算系统。[6] **动态模型**（Dynamic models）将知觉活动描述为认知过程，自组织成亚稳态的行为模式。[7] 生成系统（Enactive systems）以这样一个哲学观点为基础：认知是一个过程，借此过程，认知行为者持续存在所必需的各个方面，均由行为者与环境的互动显示、生成，并由它们共同决定。这意味着，没有任何东西是先天给予的，故不需要符号表征。生成系统是自我产生的（自组织），即它们融合为连贯的、系统化的实体。

- **认知主义—涌现混合系统进路**（Hybrid cognivist-emergent-systems approaches）　将前两种进路的最好特征结合起来。

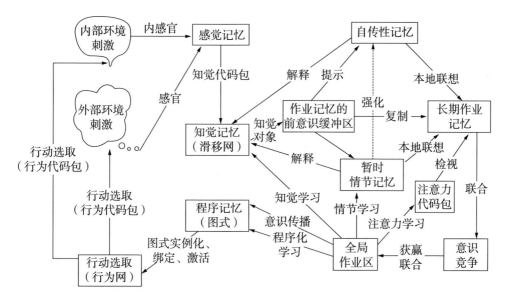

图 12.2　人类认知循环

资料来源： http://www.brains-minds-media.org/archive/150/RedaktionBRAIN1120462504.52-3.png

开发认知机器人的基本要求包括：

- **具身化**（embodiment，与认知模式兼容的物理感知和运动界面）

- **知觉**（关注活动的目标、对象的知觉、学习层级表象的能力）

- **活动**（具有少许自由度的早期运动，基于动态自我中心路径整合功能的导航）

- **适应**（对过去经验的瞬间的、一般性的偶然记忆）

- **动机**（探究的动机）

- **自主性**（内稳态过程的展示，探究和生存的行为）

图 12.2 形象地说明这些人类认知循环所包含的过程，虚线的"强化"链接表示它发生在认知循环之外。

12.3.2　智能

195 　　**智能**（Intelligence）是人类普遍的认知能力，用以解决生活和社会问题。个人在理解复杂的过程、有效地适应环境、学习经验，以及在不同条件下进行推理等方面，其能力是彼此不同的。这些差异或许是实质性的，而且并非始终如一，因为它们实际上因环境而异，或者，因时间而异。心理学研究出一些方法，可以测定和判断人的智能水平，即所谓的心理计量智能测试（psychometric intelligence tests）。在这个基础上，发展心理学家研究了儿童进入智能思维的过程，从心理上将智力缺陷儿童与有行为问题的儿童区分开来。

　　随着计算机科学的迅速发展，人们做了许多尝试，试图创造和研究一些机器，具有某类和某种水平的智能（解决问题的能力等），类似于人的智能。这个论题我们在第 3 章探讨过，至今依然是争论的热点问题。机器人代表一类机器，具有某种机器智能，可用"图灵测试"（Turing Test）进行测试。同人类智能一样，关于机器人和机器智能，亦提出许多哲学问题，其中有两个主要问题：智能能否人工复制？人类智能与机器智能有什么差异？

12.3.3　自主性

196 　　**自主性**（Autonomy）是具有多重含义的概念，可以根据人的生活，从不同方面加以理解、解释和运用。以下列举四个密切相关的基本含义：

　　•自我支配能力。

- 自我支配的现实状况。

- 自我支配的"最高"（sovereign）权威。

- 一种品质的理想状态。

第一个含义被理解为基础自主性（最低限度的能力），指独立地、有权威地、认真负责地行动的能力。

第二个含义反映了人享有某种自由权利（liberal rights），可决定我们的政治地位和自由。然而，在现实生活中，有自我支配的能力，并不意味着我们实际上可以自我支配。

第三个含义将**法理的**（de jure）与**事实的**（de facto）自主性加以区分，前者指自我支配的道德和法律的权利，后者则指行使这一权利所要求的能力和机遇。

第四个含义（作为理想的自主性）指我们道德自主的行为者，以"自主性美德"为依据，借以正确指导我们的行为，引导有助于自主性的公共社会政策。

在机器人学方面，自主性解释为不受控制（independence of control）。其意暗指，自主性描述了人类设计者和控制者与机器人之间的关系特征。如果机器人具有日益强大的自足能力以及情景确认（situatedness）、学习、发展、进化等能力，那么，机器人的自主性程度也将与日俱增。机器人的自主性有两种形式 [8]：

- **弱自主性**（机器人能够在没有外部干涉的情况下作业和运行）

- **强（或完全）自主性**（机器人能够自己做出选择，并有权激活它们）

如果机器人结合了智能与自主性，则可以称之为"智能自主机器人"。

12.3.4　意识和良知

当心理学家和哲学家试图说明人脑的功能时，始终将人类特性的两个方面作为主题，进行广泛而深入的研究：

- **意识**（Consciousness）指"考察我们大脑中发生的某些过程是如何可能的"问题。

- **良知**（Conscience）指"获得和运用何为对、何为错的知识是如何可能的"问题。

在哲学中，意识被解释为通过思想、情感和意愿展现出来的心灵或心灵能力。在心理学中，意识有多重含义，例如，明白某物是什么，或者，从总体上看，个人的（或社会的）思想和情感。

将意识扩展至机器和机器人，并非易事。按照海科宁(Haikonen)[9]的看法，机器人要有意识，必须具有某种心智，能够自我激发，理解情绪和语言，用它进行自然交流，能够有情绪反应，能有自我意识，将自己的心智内容感知为非物质的。有研究[13]勾勒了一条通往认知和良知机器的工程学方法，运用神经元模型和关联神经网络（来自所谓"海科宁关联神经元"（Haikonen associative neurons）。

皮特拉（Pitrat）[10]提供了一个关于人的意识和良知的综合研究，并探讨"创造人工存在物（机器人等），使它们具有与人类意识和良知相类似的能力"是否可能。他认为："如果一个系统或机器（像机器人一样）引发类似于我们的行为，我们就有可能使用它。"然而，如他所说，许多人工智能工作者，对于理解我们如何工作并无兴趣，他们感兴趣的只是如何实现最高效的系统，具有大脑的必要建模。

人的内心设有警示机制，警告他们现在工作不正常。换句话说，触发警示信号表明，人的行为与自己的价值和信仰不和谐。这种机制就是**人的良知**（human conscience）。创建这种机制，我们便看到一个有良知的机器人，由嵌入其中的价值和规范（**自上而下的机器人良知进程**）所决定。能否将良知（及伦理）植入机器人的问题，始终是心理学、哲学和机器人学研究的一个历时性问题。

12.4　学习和注意力

现代机器人还有另外两个心智能力，属于认知和智能范畴：

• 学习

• 注意力

12.4.1　学习

学习（Learning）是一种最基本的认知和智能处理能力，包括获取新的行为和知识，并在个人生活中连续不断地出现。有两种基本的学习理论：**行为主义**（即由教师塑造和控制学习内容，强化一些特殊的行为方式）和**认知理论**（与行为主义不同，认知理论主要关注学习者心灵内部发生了什么）。换句话说，认知理论主张：学习不仅仅是行为的改变，也是学习者思想、理解或感情的方式发生变化。认知理论有两个主要分支：

• **信息处理模型**（Information processing model，学生的大脑具有内部结构，用以选择、检索、储存和处理输入的信息）。

• **社会互动模型**（social interaction model，人们观察他人完成一

198

个行为以及行为的结果，借此来学习）。这个模型是班杜拉（Bandura）创建的。[11]

有效的社会学习需要满足一些基本的必要条件：**注意力**（对学习倾注注意）、**记忆力**（记住所注意的东西）、**再现**（复现其想象）、**动机**（有好的理由进行模仿）。

在人类，学习依照如下模式进行：

视觉（通过观看学习）、**听觉**（通过倾听学习）、**动觉**（通过运动、做活和触摸学习）。

机器人则利用与人相似的方法和程序学习。[12]可以教机器人概念，教它们如何获取信息、运用自己的传感器、表达情感、导航，甚至自学。社交机器人学习可以凭借神经网络、强化、渐进学习、模仿学习（依靠模仿进行学习），对此，"发展心理学领域"始终具有广泛的研究。[13]

为了实现这种"发展中"的社交机器人，必须回答以下几个关键问题[14]：

• 社交机器人如何能够指导自己的发展？

• 这种发展如何激发？如何引导？

• 应当施加什么界限（如果有的话）？

这些问题或许没有确切的答案，但是，人的输入、自我发展，以及真实世界彼此互动的平衡，似乎是可能的，而且现实中，现存的类人（humanoid，拟人［anthropomorphic］）社交机器人已经实现这种平衡。

图 12.3 是对人类学习模式的详细图解。

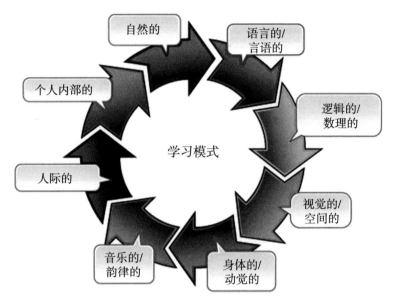

图 12.3 人类学习模式

资料来源：http://4.bp.blogspot.com/z4yYFo3zPtQ/UFjOvIP32sI/AAAAAAAACk/fkqo5oqXMyY/
s1600/learning-styles2.jpg

12.4.2　注意力

　　注意力（Attention）是人的一种认知能力，能够有选择地聚焦于
一个特殊刺激，保持焦点或任意转移，即"全神贯注的能力"。这是
一个认知心理学概念，指人如何积极处理从环境中获取的特殊信息。
注意力对学习十分重要，因为只有当人集中注意力时，学习效果才是
最佳的。注意力能够从大量的感官数据中，选择潜在的相关部分，从
而凭借与其他人彼此共享的注意，与他们互动。这种能力对于机器人
学十分重要，建立人类注意力的计算模型是人—机器人互动的主要问
题。机器人有能力探测人类伴侣注意什么，并以相似的方式行动，使

199

直观的交流成为可能，这是机器人系统期待的一个重要技能。

注意力的激发有两种不同的影响形式[15]：

- **刺激驱动**（Stimulus-driven，即，为自下而上的影响所驱使）。

- **目标导向**（Goal-directed，即，为自上而下的影响所激发）。

注意力是存在者（a being）分配感知资源的一个过程，以分析周边环境危害他人的区域。这种分配有两种方式：

- 明确对传感器的重新定位（例如，对于视觉和听觉传感器，头部重新定位），指向世界的某个特殊部分（隐蔽注意）。

- 调度计算资源，处理传感器信息流的特殊部分（公开注意）。

公开注意（Overt attention）是主动感知的直接原因。[16]它自觉不自觉地为传感器的自动定位程序所驱动。通常，全部注意力开始于公开注意，公开注意则为隐蔽机制所跟随。大体上说，不自觉注意过程是刺激驱动，但也接受目标导向影响的调节，通过一些**注意装置**（attention sets），我们可以强加这种任务关联作为"优先尺度"（priority measure）。

12.5 结语

在这一章中，我们在概念水平上讨论了人脑能力，机器人学家一直试图通过现代设备和社交机器人，一定程度地具体体现这些能力。这些能力包括五个主要特征：认知、智能、自主性、意识、良知，还有包含在认知和智能中的两种特殊能力，即学习和注意力。从哲学的观点看，我们的讨论限于这些能力的**本体论**和**认识论**问题。**哲学**（来

自古希腊文 φιλοσοφια=philosophia=love of wisdom［爱智慧］）包括以下几个重要子域[17, 18]：**形而上学（本体论）**，研究概念 being（即我们说某物"是"［is］时，意味着什么）；**认识论**，研究与知识的性质相关的问题（诸如，"我们能知道什么"，"我们如何知道某物"，"真理是什么"）；**目的论**，探询"我们所作所为"的目标和目的，以及"我们为什么存在"；**伦理学**，研究"善与恶"，"对与错"；**美学**，研究美、愉悦、表现（在生活和艺术中）等概念；**逻辑学**，研究推理问题，诸如"什么是合理性"，"逻辑能否在计算意义上自动操作"等问题。

对于我们感兴趣的事物，都有一种哲学，考察它的基本假设、问题、方法以及目的，也就是说，对于任何一个 X，都有一种哲学，考察 X 的本体论、认识论、目的论、伦理学以及美学问题。因此，我们有科学哲学、技术哲学、生物学哲学、计算机哲学、机器人哲学（philosophy of robotics，robophilosophy），等等。**本体论**可以凭借若干方式分类，例如，依据它的真理或谬误，依据它的潜能、活力（运动）或完成的存在（finished presence），依据抽象水平（上层本体论［upper ontologies］、领域本体论［domain ontologies］、界面本体论［interface ontologies］、过程本体论［process ontologies］）。**认识论**有两个传统进路[19, 20]：**理性主义**与**经验主义**，前者，通过推理获取知识；后者，通过感官观察和测量获取知识。哲学家承认，获取知识需要这两种进路，它们在一定程度上相互补充，彼此修正。有专家[21-26]综合研究了人工智能和心智机器人的哲学方面，聚焦于机器人伦理学和社交机器人。

参考文献

[1] Stenberg R (1991) The Nature of Cognition. MIT Press, Cambridge, MA

[2] Wiener N (1948) Cybernetics: control and communication in the animal and the machine. MIT Press, Cambridge, MA

[3] Vernon D, Metta G, Sandini G (2007) A survey of artificial cognitive systems: implications forthe autonomous development of mental capabilities in computational agents. IEEE Trans Evol Comput 1(2):151–157

[4] Newell A (1990) Unified theories of cognition. Harvard University Press, Cambridge, MA

[5] Vernon D (2006) Cognitive vision: the case for embodied perception. Image Vision Comput 1–14

[6] Arbib MA (ed) (2002) The handbook of brain theory and neural networks. MIT Press, Cambridge, MA

[7] Thelen E, Smith LB (1994) A Dynamic system approach to the development of cognition andaction, bradford book series in cognitive psychology. MIT Press, Cambridge, MA

[8] Beer JM, Fisk AD, Rogers WA (2012) Toward a psychological framework for levels of robot autonomy in human-robot interaction, Technical Report HFA-TR-1204, School of Psychology,Georgia Tech

[9] Haikonen PO (2007) Robot brains: circuits and systems for conscious machines. Wiley, NewYork

[10] Pitrat J (2007) Artificial beings: the conscience of conscious machine. Wiley, Hoboken, NJ

[11] Bandura A (1997) Social learning theory. General Learning Press, New York

[12] Alpaydin E (1997) Introduction to machine learning. McGraw-Hill, New York

[13] Breazeal C, Scasselati B (2002) Robots that imitate humans. Trends Cogn Sci 6:481-487

[14] Swinson ML, Bruener D (2000) Expanding frontiers of humanoid robots. IEEE Intell Syst Their Appl 15(4):12–17

[15] Corbetta M, Schulman GL (2002) Control of goal-directed and stimulus-driven attention in the brain. Nature Rev Neurosci 3:201–215

[16] Aloimonos J, Weiss I, Bandyopadhyay A (1987) Active vision. Int J Comput Vision 1:333-356

[17] Stroud B (2000) Meaning, understanding, and practice: philosophical essays. Oxford University Press, Oxford

[18] Munitt MK (1981) Contemporary analytic philosophy. Prentice Hall, Upper Saddle River, NJ

[19] Dancy J (1992) An introduction to contemporary epistemology. Wiley, New York

[20] BonJour L (2002) Epistemology: classic problems of contemporary responses. Rowman and Littlefield, Lanthan, MD

[21] Boden MA (ed) (1990) The philosophy of artificial intelligence. Oxford University Press,Oxford, UK

[22] Copeland J (1993) Artificial intelligence: a philosophical introduction. Wiley, London, UK

[23] Catter M (2007) Minds and computers: an introduction to the philosophy of artificial intelligence. Edinburgh University Press, Edinburgh, UK

[24] Moravec H (2000) Robot: mere machine to trancedent mind. Oxford University Press, Oxford,UK

[25] Gunkel DJ (2012) The machine question: critical perspectives on ai, robots, and ethics. MIT Press, Cambridge, MA

[26] Seibt J, Hakli R, Norskov M (eds) (2014) Sociable robots and the future of social relations. In:Proceedings of Robo-Philosophy, vol 273, Frontiers in AI and Applications Series. Aarchus University, Denmark, IOS Press, Amsterdam, 20–23 Aug 2014

关键术语对照表

A

AIBO robot	AIBO 机器人	203
AMA principles of ethics	美国医学会医学伦理准则	
Animism	万物有灵论	
Applied AI	应用 AI	
Applied ethics	应用伦理学	
Assistive robotic device	助力机器人装置	
lower limb	下肢	
upper limb	上肢	
Autonomous robotic weapons	自主机器人武器	
Avatars	替身	

B

Bottom-up roboethics	自下而上的机器人伦理学

C

Case-based theory	基于实例的理论
Children-AIBO interaction	儿童—AIBO 机器人互动
Consequentialist roboethics	后果论机器人伦理学
Cosmobot	Cosmobot
Cyborg extention	电子人扩展

D

Deontological ethics	义务论伦理学
Deontological roboethics	义务论机器人伦理学
Descriptive ethics	描述伦理学
Domestic robots	家用机器人

E

Elderly-Paro interaction	老人—帕罗互动
Emotional interaction	情感互动
Ethical issues of	伦理问题
assistive robots	助力机器人
robotic surgery	机器人外科手术
socialized robots	社会化机器人
Exoskeleton device	外骨骼装置

F

Fixed robotic manipulators	固定机器人机械手
Flying robots	飞行机器人

H

Hippocratic oath	希波克拉底誓言
Household robot	家务机器人
Humanoid	类人机器人
Human-robot symbiosis	人—机器人共生

I

Intelligent robot	智能机器人
Intercultural issues	文化间际问题

J

Japanese culture	日本文化
Japanese ethics	日本伦理学
Japanese roboethics	日本的机器人伦理学
Justice as fairness theory	正义即公平理论

K

Kaspar robot	Kaspar 机器人

Service robot	服务机器人
Sociable robot	社交机器人
Socialized robot	社会化机器人
Socially	社会的
communicative robot	交往机器人
evocative robot	唤起机器人
intelligent robot	智能机器人
responsible robot	承担（社会）责任的机器人

T

Top-down roboethics	自上而下的机器人伦理学
Turing test	图灵测试

U

Undersea robots	海底机器人
Upper limb	上肢
assistive device	助力装置
rehabilitation device	康复装置

V

Value-based	基于价值的
Virtue theory	美德理论

W

War roboethics	战争机器人伦理学
War robotics	战争机器人
Wheelchair	轮椅
mounted manipulator	安装机械手的